Erwin Thoma
DIE GEHEIME SPRACHE DER BÄUME

Erwin Thoma

DIE GEHEIME SPRACHE DER BÄUME

Die Wunder des Waldes
für uns entschlüsselt

Erwin Thoma
Die geheime Sprache der Bäume
Die Wunder des Waldes für uns entschlüsselt

Sämtliche Angaben in diesem Werk erfolgen trotz sorgfältiger
Bearbeitung ohne Gewähr. Eine Haftung der Autoren bzw. Herausgeber
und des Verlages ist ausgeschlossen.

12. Auflage 2021
© 2012 Servus bei Benevento Publishing, eine Marke der
Red Bull Media House GmbH, Wals bei Salzburg

Alle Rechte vorbehalten, insbesondere das des öffentlichen
Vortrags, der Übertragung durch Rundfunk und Fernsehen
sowie der Übersetzung, auch einzelner Teile. Kein Teil des
Werkes darf in irgendeiner Form (durch Fotografie, Mikrofilm oder
andere Verfahren) ohne schriftliche Genehmigung des
Verlages reproduziert oder unter Verwendung elektronischer
Systeme verarbeitet, vervielfältigt oder verbreitet werden.
Gesetzt aus der Sabon

Medieninhaber, Verleger und Herausgeber:
Red Bull Media House GmbH
Oberst-Lepperdinger-Straße 11–15
5071 Wals bei Salzburg, Österreich

Fotos: Erwin Thoma
Illustrationen: Elisabeth Thoma

Umschlaggestaltung: graficde'sign pürstinger, Alex Stieg
Umschlagabbildung und Autorenporträt: Jan Ludwig / Thoma Holz GmbH
Printed in Europe
ISBN 978-3-7104-0111-4

Inhaltsverzeichnis

Einleitung	7
Du begleitest mich	11
Mondholz	27
Christbäume und Mondreisig	41
Japan – uraltes Wissen für neues Leben	45
Eine Forschungsreise	53
Die Wetterfichte	71
Die Sprache der Bäume	81
Alle Feuer dieser Erde	99
Der Sesselkreis	107
Ein Traum	115
Vom Traum zum Versuch	121
Es brennt nicht	129
Der Specht im Baum	137
Von der Holzzelle zur Hochtechnologie	141
Holz und Gesundheit	147
Bäume und ihre Heilwirkung	157
Dank und Service	205

Einleitung

Wir alle bekommen sie von klein auf geschenkt. Sie sind einfach da, begleiten uns und leben mit uns. Bäume – im Park, im Garten, am Wegrand, wie gerne stellen Eltern den Kinderwagen unter einen Baum. Kinderaugen schauen in die Krone. Ob es die Blüten eines Kirschbaumes sind, das Blättermeer des Ahorns oder der Nadelzweig einer Tanne ist, der tief genug hängt: Die Babyhand aus dem Kinderwagen greift danach und ertastet ihn, den Baum, den Freund, den Begleiter für ein Leben lang.

Es ist ganz normal, dass wir im Alltag die guten Dinge und Wesen, die einfach da sind, die uns still und verlässlich dienen, meistens nicht mehr bewusst sehen. Sogar mit lieben Menschen passiert uns das manchmal. Mit unseren Bäumen ist es nicht anders.

Dennoch beschirmen sie uns, das Holz ihrer mächtigen Stämme wärmt uns und umgibt uns. Ihre Wurzeln wachsen tief in unser Herz hinein. Jeder, der es einmal erlebt hat, wie ein mächtiger Baum gefällt wird, hat dabei auch erlebt, wie sehr uns das bis in unser Innerstes bewegt. Das Fallen eines in Jahrhunderten gewachsenen Riesen ist uns Menschen niemals gleichgültig. Das Schwanken einer himmelhohen Baumsäule, die sich erst langsam neigt, um dann mit voller Wucht auf dem Boden aufzuschlagen, dringt tief in uns ein. Wir sahen ihn ja wachsen. Sie berühren uns – unsere Baumbrüder. Ja, und neuerdings werden sie noch wichtiger für uns Menschen. Die unendlichen Wälder der Erde, aus Bäumen gebildet, zeigen uns das Konzept der perfekten Kreislaufwirtschaft. Gleichzeitig verschwinden Ängste und Worte wie Mangel, Müll und Zukunftssorgen aus unserem Leben. Das Beispiel der Wälder gibt uns Mut. Früher war es uraltes Handwerkerwissen, das sorgfältig von Generation zu Generation weitergegeben wurde. Unser Großvater lehrte mich noch, die Geheimnisse des Mondholzes zu nutzen, um dauerhaftes und gutes Konstruktionsholz für unsere Holzhäuser zu erhalten.

Heute beginnt mehr und mehr die Spitzenwissenschaft, die Angebote und den Zauber der Bäume zu erforschen. Erstaunliche Ergebnisse kommen zutage.

Das Mondholzgeheimnis wurde nach kontroversen Debatten an der renommierten Eidgenössischen Technischen Hochschule (ETH) in Zürich bestätigt. Grazer Wissenschaftler aus der Medizin rund um Prof. Maximilian Moser weisen plötzlich nach, dass hölzerne Räume unser Herz stärken, die Herzvariabilität verbessern, den Pulsschlag im Schlaf beruhigend senken, das Immunsystem stärken und letztlich unser Leben nicht nur verlängern, sondern bis ins hohe Alter gesund halten. Bruder Baum, Du schenkst uns so vieles. Wie können wir Menschen Dir dafür danken?

All diese wunderbaren Möglichkeiten bekommen wir von den Bäumen geschenkt. Sie verlangen nichts dafür. Das Einzige, was wir tun müssen, ist, unsere Zeit und unsere Aufmerksamkeit wieder mehr der Natur und ihren Möglichkeiten zuzuwenden.

Zu einem Baum gehen, dort einen Augenblick der Stille finden, ihn fühlen, ihn lieben und seine Geheimnisse erfahren – das ist der einfache, aber so wirkungsvolle Schritt, der die Weisheit und Kraft der Natur in unser Leben trägt: Das Prinzip sorgfältiger Ernte, die Raum für neu gesätes Leben schafft. Die Heilkräfte der Bäume, die unsere Gesundheit neu herstellen.

Das Holz selbst, dieser wunderbare Werkstoff, der als Tisch und Haus, als Geige und Tanzboden, als Werkzeug und Kunstgegenstand fröhlich und kraftvoll unser Dasein bereichert: Es ist viel mehr als nur ein genialer, durch die Evolution endlos optioniertes Material. Holz ist der große Überbringer aller Baumenergie und Weisheit.

Dieses Buch wird Sie dorthin begleiten. Die Geheimnisse der Bäume helfen uns, qualitätsvoller und intensiver zu leben und gleichzeitig diese Welt für unsere Kinder zu erhalten. Eine Welt, die wir als Organismus verstehen sollen. Als Körper, in dem alles zusammenhängt. Diese Mutter Erde beuten wir Menschen aus. Wir schinden sie zu sehr. Seit dem ersten „Club of Rome"-Bericht haben Wissenschaftler und Denker alle wichtigen Philosophien und Wirtschaftstheorien zur Lösung dieser Probleme auf den Tisch gelegt. Allein an erfolgreich gelebten Beispielen fehlt es uns.

Das in diesem Buch vorgestellte Konzept der Bäume ist ein Beispiel für die umgesetzte Kreislaufwirtschaft, für energieautarke Industrien, die keinen Müll mehr verursachen, für das Leben mit nachwachsenden Rohstoffen, für erneuerbare Energien, mehr Gesundheit und Fröhlichkeit. Das Modell unserer Wälder ist mehr als ein vereinfachendes Patentrezept. Es zeigt uns exemplarisch, wie wir alle Bereiche unseres Lebens durchdenken und neu gestalten können. Zu unserem besseren eigenen Leben und zum Vorteil für alle Wesen auf unserer Erde.

Viel Freude auf einer ungewöhnlichen Reise in die Natur und viele persönliche Anregungen wünscht Ihr

Erwin Thoma

Du begleitest mich

Als Kind habe ich den Wald als Ort der Abenteuer, aber auch als Nahrungsquelle und Wärmespender kennen- und liebengelernt. Wärme und Köstlichkeiten in mehrfacher Hinsicht gab es dort für uns Menschen. Hinter dem Elternhaus in Bruck an der Glocknerstraße plätscherte der Wildbach. Erlen und Traubenkirschen befestigten seine Ufer. Dieses Bächlein lehrte uns sehr früh, dass in unserer Bergwelt die Idylle mitunter ganz schnell in die brutal entfesselten Vernichtungskräfte der Naturgewalten umschlagen kann. In Zeiten trockenen Wetters murmelten die Wässerchen aus dem Hundsbachgraben gemütlich über rund abgeschliffene Bachsteine. Durch spiralig ausgeschliffene Hohlwege im dunklen Grundgestein glitt das klare Wasser geschmeidig dem großen Fluss entgegen. Doch wehe, wenn im schwülen Hochsommer die Wolken plötzlich tiefschwarz vom Hundstein herzogen. „De Hundstoawetter sand de ärgsten!", predigte unser alter Nachbar, der Lackner Robert, immer wieder. Tatsächlich ließen solche Unwetter das Bächlein oft in nur wenigen Minuten zum brodelnden, losgelassenen Strom anwachsen, der metergroße Steinblöcke inmitten der braunen Wassermassen durch das enge Bachbett schob, sie gegeneinander schleuderte, dass wir es aus der Wildbachgischt nur so krachen hörten. Schaudernd liefen wir auf dem Weg neben dem Bachbett und beobachteten die hemmungslose Kraft. Der Berg selbst, so schien es, mit all dem Geröll, den Steinen und Erdmassen wollte durch den engen Graben rasen. Sobald uns Erwachsene am Rand des tobenden Wildbaches erblickten, wurden wir verscheucht wie die Fliegen und heim gejagt. Viel zu gefährlich war es dort. Wer ausrutscht und in die steilen Fluten stürzt, ist rettungslos verloren.

Genauso unerwartet, wie sie kamen, waren die Wassermassen dann auch wieder verschwunden. Oft genug zeigte sich am nächsten Morgen keine Wolke am blauen Himmel. Harmlos gurgelte es wieder aus dem Hundsbach zum Elternhaus herauf. Diese Morgen waren die Tage der vollzogenen Veränderung. Nicht nur unsere kleinen Bauwerke, manche Staumauer oder das selbst gebastelte Wasserrad waren verschwunden. Nein, auch ganze Tümpel waren weg. Anderswo lagen Felsblöcke, die neu das Wasser stauten. Zwischen den beiden steilen Bachböschungen bildeten sie jetzt die künftigen Barrieren, die das ewig fließende Wasser zu überwinden hatte.

Sonderbar genug erscheinen mir heute noch die steilen Böschungen, die all die Jahre dem Wildbach Einhalt gebieten konnten. Da war meistens kein harter Fels zu finden. Vielmehr gab es dort weiche Erde, den einen und anderen Stein dazwischen. Eigentlich ein verwundbares Gefüge, viel zu weich für einen tobenden, Steinblöcke speienden Wildbach. Das Geheimnis für den dennoch wundersamen Halt der Bachböschungen wurde an vielen Stellen sichtbar. Ein Labyrinth von Baumwurzeln füllte sorgsam jeden Erdenraum aus. Steine wurden von ihnen schlangenförmig umrundet, Felsspalten innig Halt findend ausgefüllt. Im Weichen, in der tiefbraunen Erde, wuchsen sie Pfähle bildend metertief hinein. Nach allen Richtungen breiteten sich die Seitenarme mit immer feineren Verzweigungen kunstvoll aus. Im Erdreich der Bachböschungen gab es eine Wurzelwelt, die an Verzweigung und kunstvoller Formenvielfalt den Kronendachlandschaften der Uferbäume in nichts nachstand.

Woher wissen kleine Buben über Wurzeln Bescheid?

Nicht überall konnten wir zum Bach hinunterklettern. Es waren steile Pfade zwischen Stauden und Bäumen, an denen wir uns hinunterhangelten. Auf dem abschüssigen Boden wanden sich verknotete Wurzelstränge. An Großvaters Hände erinnerten ihre Bahnen. Diese Adern im Erdreich waren die Haltepunkte für unsere kletternden Hände und Füße. Meist unverrückbar verwachsen, manchmal auch von der Erde losgelöst und elastisch, bildeten die Wurzeln unsere Leitern über die Bachböschungen. Ganz unten dann, wo sich der Bach bis zum Felsgrund durchgefressen hatte, gab es eine Stelle, an der es dem Wasser gelang, eine Lücke am Stein entlang unter den Wurzelfilz in die Böschung hineinzugraben. Diese Höhle führte uns in die verborgene Welt unter den Wurzelstöcken der Bäume. Sonst nur in den Wülsten erkennbar, die von den Baumanläufen ins Erdreich führten, konnten wir beim unterspülten Baum sein verborgenes Haltesystem plötzlich von unten betrachten. Es sei nur nebenbei erwähnt, uns Buben zog es weniger wegen des Studiums der Wurzelstöcke so oft in diese Höhle. Vielmehr war das eines der besten Verstecke im ganzen Dorf. Solange es einem dort nicht zu feucht, zu eng oder zu dunkel war, blieben wir vollkommen unauffindbar, vom Boden wahrhaft verschluckt. Erst nach einiger Zeit in der Höhle gewöhnte sich das Auge an das spärliche Licht. Das Gewirr der Holzwindungen über dem Kopf wurde nun nach und nach sichtbar. Im scheinbaren Durcheinander tauchte unerwartet die Ordnung der Wurzeln verschiedener Grade von den starken Haltewurzeln bis hin zur zwirnsfadenfeinen, Nährstoff gewinnenden Haarwurzel auf. Alles, was wir oben beim Kraxeln in den Kronen erlebt hatten, der verzweigte Weg vom großen Stamm in das immer Kleinere, spiegelte sich im dunklen Erdreich wider. Der wilde Hundsbach, hineingefressen und eng begrenzt durch die dicht bewachsenen Böschungen, war ein Paradies für uns, die Abenteuer suchende Kinderbande.

An schönen Sommertagen tauchten meine Brüder und ich, die Thoma-Buben, also in den Schutz der Blätterwälder ein. In den grünen Kronen über uns verschwanden die Singvögel, duckten sich in der Hitze des Bergsommers. Darunter standen wir mit den kurzen Lederhosen im Wasser und untersuchten Tümpel für Tümpel. Wir wussten, unter welchen Steinen die Forellen stehen konnten. Sie stiegen auf, von der Salzach kommend, in unseren

Hundsbach hinauf. Sobald wir eine rot getupfte Bachforelle im Tümpel aufspürten, sperrte einer von uns den Bachlauf nach oben ab, die Hände des Zweiten bildeten mit gespreizten Fingern den Rechen nach unten. Und der Dritte jagte den Fisch im Tümpel, bis er in einer Felsnische unter Wasser Zuflucht suchte. Dort konnten dann die Bubenhände geschickt hinter den Kiemen den glitschigen Leib fassen. Natürlich war das ein verbotenes Treiben. „Schwarzfischen" hieß es, aber wohl keine Bubengeneration vor uns im Dorf, die das nicht ausprobiert hätte. Und die verlässlichsten Verbündeten, die uns deckten und verhüllten, waren die Bäume, die erwähnten Erlen und Traubenkirschen. Dazwischen wuchsen immer wieder knorrige Holunderstämme. Wir kannten sie alle. Nicht einer, an dem wir noch nicht hochgeklettert waren.

Früh habe ich gelernt, auf morsche Äste zu achten. Nicht nur einmal bin ich samt dem abgebrochenen Ast einige Meter heruntergefallen. Abgeschürfte Arme und Beine merkt man sich besser als jede gut gemeinte Erklärung der Mutter. Als Drittgeborener musste ich mich ohnehin besonders anstrengen, galt es doch immer, mit den beiden größeren Brüdern mitzuhalten.

Unsere solcherart erworbene Fähigkeit, auf beinahe jeden Baum zu steigen, wurde auch von den Erwachsenen genutzt.

Viel mehr als heute waren die Bäume der Landschaft damals Nahrungs- und Heilquellen. „Wenn Du beim Hollerbaum vorbeigehst, dann musst Du jedes Mal den Hut ziehen, so heilsam und wertvoll ist dieser Baum." Das hörte ich oft von meiner Mutter.

Im Juni pflückten wir die weißen, doldenförmigen Holunderblüten. Ein Teil wurde getrocknet und im Winter als fiebersenkender Schwitztee verabreicht. Der größere Teil kam in Fünflitergläser mit Zitronenscheiben und Wasser. Dort gärte dann im Sonnenlicht herrlich erfrischender „Hollerpunsch". Gekaufte Limonade kannten wir damals ja nicht. Das Angebot und der Geschmack unseres Essens und Trinkens ergaben sich aus dem, was gerade draußen wuchs und reifte. Niemals durften wir von einem Hollerbaum alle Blüten abreißen. So blieb ein Teil bis zum

Sommer. Tiefblaue Beeren reiften nun heran. Diese wurden jetzt im Wettlauf mit Amseln und Staren von uns gepflückt. „Hollerbeerensirup gegen Husten ist viel besser und hilft schneller als das ganze Zeug vom Doktor!" Da war sich Mutter sehr sicher. Und das Hollerkoch, ein Brei mit Hollerbeeren, gehörte zum Standardessen im Spätsommer. Damit war die Nahrungsgewinnung an den Holunderbäumen aber noch lange nicht abgeschlossen.

Der Holunder ist ein kurzlebiger Baum. Mit 20 Jahren beginnen oft schon erste Äste einzutrocknen, und je nach Boden und Standort sind Holunderbäume mit einigen Jahrzehnten auf dem Buckel bereits am Ende ihrer Lebenszeit. In den letzten Jahren lässt dann die Blühkraft nach, die Beeren an den Zweigen werden immer weniger und kleiner. Unsere Mutter aber ließ sich davon nicht beirren. „Diese alten Bäume bieten etwas ganz Besonderes!" Sie lehrte uns, den Anlauf des Baumstammes abzusuchen. Dort wuchsen ab dem fortgeschrittenen Alter braune Stockschwämme. „Die Menschen kennen nur Herrenpilze und Eierschwammerl. Dabei sind die Stockschwämme vom Holler in einer Suppe der feinste und beste Pilz, den man sich nur vorstellen kann."

Im Herbst suchten wir daher die Hollerstämme ab und trugen Körbe gefüllt mit Stockschwämmen heim. Diese wurden auf dem Dachboden getrocknet. So konnten wir den ganzen Winter über Gemüse- und Kartoffelsuppen verfeinert mit herrlich knusprigen Stockschwämmen genießen.

Ja, und nicht nur die Mutter in ihrer Fürsorge für unsere gute Ernährung wurde beim Holler fündig. Auch wir Buben konnten aus diesem Baum ein weiteres, allerdings verbotenes Gerät gewinnen.

Die Äste des Hollers sind hohl oder mit einem weichen Mark gefüllt, das sich mühelos herauskratzen lässt. Da war es für uns ein Leichtes, aus derart ausgehöhlten Holverästen eine große Pfeife zusammenzubauen. Damit wurden dann alle möglichen getrockneten Blätter und Gräser geraucht. Natürlich schmeckte der beißende Rauch keinem von uns. Aber mit der Bubenschar in einem Versteck zu sitzen und verbotenerweise an einer Pfeife zu ziehen, dem konnten wir freilich nicht widerstehen. Wie gut war es doch, dass sie nur knarrten, im Wind manchmal stöhnend ächzten und auch das ewige Rauschen der Kronen nur wenig von dem verraten konnte, was sie sahen. Auf sie konnten wir uns immer verlassen. Sie sahen alles und plauderten nichts aus, die großen Bäume, in deren Wurzelanläufen wir unsere Lager aufschlugen.

Einige Jahre später, als sich an unseren lang gewachsenen Gliedmaßen die Muskeln bildeten und mehr Kraft in den schlaksigen Bubenkörpern wuchs, wurden wir zur Waldarbeit eingeteilt. Selbstverständlich noch nicht zur gefährlichen Ernte der ganz großen Stämme. Zuerst galt es für uns, sich um das Brennholz zu kümmern.

Was für eine Möglichkeit, in das Innere der großen Waldwesen zu blicken, tat sich da auf! Bis dahin war ja jeder Baumstamm eine dieser undurchdringbaren Säulen, die trutzig aus dem Boden ragen. Natürlich hatten wir längst untersucht, wie verschieden diese Formen mit ihren umhüllten Rindenmänteln sein konnten. Der alte Apfelbaum vor dem Haus war wohl der von uns meistbestiegene. Auf jeden größeren Ast sind wir geklettert, bis er sich unter unserer Last bedrohlich bog. Wer da noch weiter steigt, der spürt es übel am eigenen Leib. Vom brechenden Ast stürzend auf der Wiese liegen zu bleiben und durch den Aufprall keine Luft zu bekommen, das ist noch das Geringste, was geschehen kann. Das Wort Gehirnerschütterung lernten wir bei so einer Gelegenheit ebenfalls kennen.

Wir haben die Rinde kennengelernt. Die Schuppen der alten Bäume, die beim Wegbrechen helle Flecken hinterlassen. Die tiefen Rillen an der großen Eiche, sie konnten sogar als Kletterhilfe verwendet werden. All die Moose, verborgen in einer Astgabel, beginnen sie mit ihrer Besiedelung, bis sie manch schattig gelegenen Astarm grün gepolstert haben. Wie schön zum Anschauen, weich und fein präsentierten sich diese grünen Felle für uns Kletterer. Wer am moosigen Stamm Halt sucht, gleitet ganz leicht aus. Es gibt keine feste Verbindung zum harten Holz. Vielmehr ist das Moos daran interessiert, sich eine dünne Humusschicht auf dem Holz heranzuziehen. Das ist die Gleitschicht, die wir fürchteten. Und die Flechten, im Trockenen rau und spröde, sobald sie feucht werden, sind sie das glitschigste Auflager, das man sich denken kann. Alles Leben, das auf dem Lebewesen Baum stattfindet, war uns recht geläufig. Nur in das Innere des Baumes schauen konnten wir bis dahin nicht. Immerhin, jedes Stück musste jetzt beim Herrichten des Brennholzes auf die kurze Ofenlänge abgesägt werden. So konnte ich plötzlich alle 25 oder 30 Zentimeter auf die Stirnfläche der Jahresringe eines Stammes blicken. Auf die Jahresringe eines Baumes sehen: Was gibt es da zu sehen? Bäume schreiben treu ihr Tagebuch. Wer auf die Jahresringe schaut, der öffnet diese Seiten.

Ring um Ring wächst dem Stamm jedes Jahr eine neue Holzschicht dazu. Im Frühling, sobald die Säfte nach ihrer Winterstarre rasch zu fließen beginnen, trägt dieser Strom alle Nährstoffe erneut durch die winzigen Kapillarröhrchen hoch hinauf bis zum letzten Zweiglein in der obersten Krone. Augenblicklich beginnt das Wachstum ungestüm. Zelle um Zelle entsteht so, bis in den Sommer hinein, eine ganze neue Holzschicht, die ein, zwei oder mehrere Millimeter dick die Baumgestalt jedes Jahr, heimlich und von uns Menschen unbemerkt, unter der Rinde einhüllt. Kein Wunder, dass die Rinde immer wieder aufbricht, reißt, borkig und schuppig dem innen anschwellenden Holzleib nachgeben muss. Nicht ganz so ungestüm, wie das Zellwachstum im Frühjahr beginnt, kündigt sich sein Ausklingen bereits in den heißen Augusttagen an. Ende dieses Monats stellt der Baum seinen Saftstrom ein. Der Nachschub an Nährstoffen für die Zellproduktion im Kambium, der untersten Rindenschicht, versiegt mehr und mehr.

Was macht der Handwerker, der gerade seinen schönen, großen Schrank getischlert hat, mit den letzten, übrig gebliebenen

Materialresten? Er fertigt daraus noch ein kleines Möbelstück, ein Schränkchen vielleicht oder ein Eckregal.

Das Gleiche tut der Baum im Herbst. Mit weniger Nährstoffen baut er jetzt eben kleinere bis kleinste Zellen, die nun im Vergleich zu den großen Frühholzzellen entstehen. Dieses Spätholz, die letzten Zellen jeden Jahres, sind dichter, dunkler und zeichnen so den markanten Abschluss eines jeden Jahresringes auf die abgeschnittene Stammscheibe.

Ring um Ring vom Kern, dem ehemaligen Wipfeltrieb weg bis an den Rand wird ein Bild, der ganz persönliche Lebensbericht eines jeden Baumes, gezeichnet.

Werden die Ringe plötzlich eng, so berichten sie von Trockenjahren und Schwierigkeiten, die der Baum beim Wachsen hatte. Sind einseitig die Ringe viel dunkler, erkennen wir, dass der Baum an dieser Seite viel mehr Druck, meist vom Wind aus der Hauptwindrichtung, aushalten musste. Zu seiner Abstützung konstruierte er hier dickwandigere, stärkere Zellen. Der Wind spielt für die Statik der Stämme eine wichtige Rolle, ist er doch eine der größten Bedrohungen für die unbeweglich im Boden verwurzelten Lebewesen unserer Wälder. Ein Stamm, dessen Kern genau in der Mitte liegt und die Jahresringe sich gleichmäßig mild um ihn herumlegen, hatte nie viel Winddruck gespürt. Der Betrachter erkennt so einen Baum, der in einer windgeschützten Mulde gelebt hat. Der windzerzauste Baum am Bergesrücken hingegen bekommt einen ovalen Stamm, dessen Kern an eine Seite gedrückt ist. Er muss ja an der Druckseite wirkungsvolle Abstützungen bauen.

Der nächste Maler des Jahrringbildes ist das Licht. Im Schatten wachsen Bäume ganz langsam. Gerade bei Tannenbäumen, die im Schatten aufwachsen, kann man daher oft genug Stämme sehen, die in der Mitte fünf bis zehn Zentimeter im Kreis ganz feine, mit dem freien Auge kaum zählbare Ringe bilden. Es gibt Tannen, die auf diese Weise 30, 50 oder noch mehr Jahre im Schatten ihrer Vorfahren ausharren und kaum wachsen. Plötzlich kommt der Tag, da die Alten wegbrechen oder geerntet werden. Volles Licht trifft nun den Ausharrenden. Auf einen Schlag sind die Jahresringe jetzt mehrere Millimeter breit. Das neue Leben zeichnet sich so unverwechselbar in die Baumscheibe ein.

Jahresringe spiegeln Wuchsbedingungen eines jeden Jahres, Trocken- und Feuchteperioden sowie Klimaänderungen so präzise wider, dass Wissenschaftler heute von jedem Stück Holz anhand der Jahresringe, der Abstände zueinander, sagen können, in welchem Jahrhundert, bei welcher Wetterabfolge der Baum gewachsen ist, von dem dieses Holz stammt. Es gibt also typische Jahresringbilder für mehrere tausend Jahre zurück. Mit modernen Mikroskopen und Computersoftware kann jedes Holzstück der richtigen Epoche genau zugeordnet werden. Dendrochronologie wird diese Wissenschaft genannt. Es ist die Entschlüsselung der Tagebücher unserer Bäume. Dieses Wissen dient aber nicht nur der Erforschung unserer Bäume. Oft genug können ganze archäologische Funde erst durch die dendrochronologische Altersbestimmung beiliegender Holzstücke der richtigen Zeit zugeordnet werden.

Damals, als junger Bursch beim Brennholzhacken, staunte ich zuerst einmal, wie verschieden nicht nur die Bilder der Jahresringe sein konnten. Auch der Widerstand, den einzelne Stämme meiner Arbeit entgegensetzten, war grundverschieden.

Denn jedes größere Stück wurde gespalten. Mit der Axt, mit Schwung, mit Übung sollte die Schneide dort in die Faser eindringen, wo sie zum Mark, zum Herz des Holzstückes, zielte. Wenn dieses richtungsgenau getroffen wurde, spritzten die gespaltenen Stücke meist mit einem Schlag auseinander. Aber wehe, wenn die Schneide daneben längs zu den Jahresringen ins Holz fuhr oder sich gar an einem verwachsenen Ast festklemmte! Das Werkzeug herauszuziehen, ging nicht mehr, also musste man mit Gewalt durch. Viele Schläge mit dem Holzstück, festgebissen an der ohnedies metallschweren Axt, wurden jetzt erforderlich, schweißtreibend und, noch schlimmer, manchmal vom Spott der großen

Brüder begleitet. Tausende und Abertausende Stücke wurden gespalten. Sicherer und sicherer hieb die Spalthacke auf die Faser nieder. Das Gefühl für die gewachsene Faser jeden Stammes wurde immer untrüglicher. Die Drehwüchsigen, die Krummwüchsigen, die ganz Schlichten und Geraden, die Gewimmerten und Verknorpelten, alle Charaktere, die aus Erde und Humus herauswachsen, zeigen sich plötzlich unverhüllt. Weg ist die Rinde, der Schutz nach außen. Das Innere gibt sich unmittelbar preis. Die Farbe, der Geruch, den Holz zu bieten hat, strömt auf den schwitzenden Menschen ein.

Die ganze Schwere, das Gewicht der Bäume erlebten wir am eigenen Leib. Die Erlen, die Birken oder eine dürr gewordene Fichte – am Bergwaldhang schnitten wir in ihre Stämme, legten die Keile an und brachten sie zu Boden. Damit hat die eigentliche Arbeit erst begonnen. Nach dem Entasten wurden die Stämme mit einfachem Handwerkzeug, dem Zappel, zum nächsten Waldweg hinuntergezogen und in Bahnen aus Hölzern polternd auf die Rutschbahn geschickt. Dann galt es, die Stämme zum ersten Mal auf Meterlängen abzuschneiden, zu spalten und am Wegrand zum Trocknen aufzustapeln.

Im Winter ging es dann wieder hinauf in den Bergwald. Eingespannt im Hanfgeschirr, zogen wir Schritt für Schritt den Schlitten nach oben. Für eine Stunde oder gar zwei Stunden wurden wir zum Zugtier vor dem Brennholzschlitten, bis erlösend das aufgestapelte Brennholz mit der dicken Schneehaube auftauchte. Es wurde verladen, mit Ketten festgezurrt, und mit „Ho ruck!" setzte sich die Fuhre in Bewegung.

Der hölzerne Schlitten ächzte und knarrte bei jeder Unebenheit des schneebedeckten Weges. Im Rücken die Scheiter, die schwere Last gewinnt an Fahrt. Das Gewicht lässt den Schlitten stöhnen. Die erste Kurve taucht auf. Beide Hände liegen an den Tatzen. Das sind hölzerne Hebel, an den Kufen angeschraubt mit geschmiedeten Bremsklauen am Ende. Tatzen hochziehen heißt, die Klauen knirschend in den eisigen Grund hineinzubeißen. Die

Finger umklammern fest diese Stiele. Nur nicht auslassen. Ich wäre verloren, wenn die Tatze entgleitet. An einem Schlittenbock unlenkbar ins Tal zu donnern, mit einer Viertel oder halben Tonne rasendem Gewicht im Rücken, nicht auszudenken. Wie verletzbar, weich und wehrlos ist der Menschenkörper gegen die schweren, kantigen, harten Meterscheiter. Anerkennend schauten die alten Männer der Nachbarschaft. Stolz lenkten wir diese Fuhren den Hundsbach entlang hinunter zu den ersten Häusern. Mit Schwung, damit beim letzten Bremsen die Tatzen besonders tief ins Eis frästen und das weiße Pulver auf dem gefrorenen Weg spritzte. Noch einmal musste alles aufgestapelt und abgedeckt werden, ehe dann im Sommer bei trockenem Wetter die Scheiter auf der Kreissäge in ofenlange Stücke geschnitten und erneut in der Holzhütte gestapelt werden konnten. Wie oft habe ich alle Teile eines Baumes in Händen gehalten, auf dem Rücken gespürt, auf den Schultern getragen, bis ich das Holz dann im nächsten Winter im „Buckelkorb" zum Ofen trug. Wachsen und fallen, rutschen und poltern, spalten und reißen, trocknen und duften, knistern und prasseln, sahen und rochen, spürten und hörten wir die Bäume, bis sie endlich im Winter die Stube wärmten. Am Ende trugen wir einen kleinen Schuber voll mit Asche auf die Wiese. Der letzte der vielen Gerüche, die der Baum all die Jahre verströmte, stieg in die Nase. Asche, weißes Aschenpulver, beinahe geschmacklos und am Ende doch die Botschaften vom Feuer, dem Ofen, dem Baum in sich vereint tragend. Wir wussten, das ist der beste und natürlichste Dünger. Manchmal wurde aus der Holzasche auch Lauge gekocht und damit die Holzböden geschrubbt. Die Aschenlauge schäumte, die Böden dufteten. Alles kam und ging im Kreislauf. Alles war zu jeder Zeit auf seine Weise nützlich. Nichts blieb übrig. Abfall gab es nicht.

In unserer Beziehung zu den Bäumen war alles geklärt. Sie waren fest verwurzelter Bestandteil unseres Lebens.

Jahre später habe ich die Liebe zum Wald zu meinem Beruf gemacht. Ich war Förster in einem abgelegenen Karwendeltal, in der Hinterriß. Zu meinem Revier gehörten die prachtvollen Täler des Karwendels, wie der Große Ahornboden, das Johannestal mit dem Kleinen Ahornboden und der darüber aufragenden Birkkarspitze, das einsame Tortal und das Laliderer Tal mit den berühmten Laliderer Wänden. Bis zu 900 Meter hoch wuchsen die senkrechten Kalkformationen hier aus den Almmatten geradewegs, ja bedrohlich heraus.

In der Försterei konnte ich es mir einrichten, dass ich die meisten Tage in meinen Tälern und Bergwäldern draußen verbrachte.

Im Sommer gab es verwegene Bauerngestalten, die in ihren Almhütten zum offenen Feuer den Käse bereiteten. Meine Holzknechte, damals hießen die Forstarbeiter noch so, waren Bergbauern aus dem Oberinntal, die während der schneefreien Zeit hier ihr Geld zur heimatlichen Kleinlandwirtschaft dazuverdienten.

Sie hatten schon Motorsägen, aber einen Helm oder sonstige Schutzbekleidung gab es noch nicht. Auch der Leistungsdruck begann erst allmählich Einzug zu halten. Nach jedem gefällten Baum hielten die Holzknechte inne, nahmen die Axt und hieben in die Schnittfläche des zurückbleibenden Stockes drei Kreuze hinein. Dankbarkeit, dass immer alles gut geht, gehörte in dieser Lebenswelt zu den Männern wie auch eine heute selten anzutreffende Schweigsamkeit.

Abends ging es in die Hütte. Dort stand eine lange, aufgemauerte Feuerstelle, an der jeder extra sein Feuer schürte. Über jedem einzelnen Feuerplatz gab es eine Stahlplatte mit Eisenringen in der Mitte. Sobald das Feuer prasselte, wurden die Ringe mit einem Haken weggehoben und der rußige Kochtopf über das Feuer gehängt. Jeder kochte für sich allein. Das war der Brauch der Pfundser Bergbauern. Ruß, Rauch, Schweiß und Harzgeruch, das war die Luft der Holzknechthütte. Meistens wurden die Handgriffe ohne Kommentar verrichtet. Trotzdem war es ein Lieblingsort unserer Kinder. Abends schaute ich gerne in der Hütte am Johannestalbach vorbei. Der Tag wurde kurz besprochen, was ist morgen zu tun, fehlt etwas. Wenn es irgendwie ging, saßen die Kinder daneben und beobachteten das Geschehen. Das Heimgehen wollten sie so lange wie möglich hinauszögern. Hier in der Holzknechthütte rochen sie eine andere Welt als im behüteten Kinderzimmer daheim im Forsthaus.

Unbewusst lernte ich damals ein Phänomen kennen, das später nicht nur für mein Leben prägend, sondern auch für viele Menschen überaus wichtig werden sollte. Im Hochsommer gab es auch in unserem Bergtal gnadenlos heiße Tage. In diesen Hitzezeiten wurden die Holzknechthütten untertags unerträglich aufgeheizt. Diese Unterkünfte waren für unser Verständnis nicht schlecht gebaut. Holzrahmenbauten, die außen und innen mit Holz verkleidet und dazwischen mit Dämmstoff ausgestopft waren – eine Leicht- oder Ständerbauweise.

Mein Forsthaus hingegen war aus dicken, vollen Stämmen gezimmert. Aus heutiger Sicht hatte es einen schlechten Dämmwert (U-Wert), schlechter als die Holzknechthütten mit dem leichten Dämmstoff, aber es war eben ein Holzmassivbau.

Im gezimmerten Forsthaus aus vollem Holz blieb es jedoch an den heißesten Tagen angenehm kühl, während sich in den Holzknechtunterkünften Bruthitze breitmachte. Die Hitze an der Außenwand des gezimmerten Forsthauses wurde nicht in wenigen Stunden „hineingedrückt", wie das bei den leicht gebauten Holzknechthütten der Fall war. An jedem Sommerabend, an dem ich vom Forsthaus in die Holzknechthütte kam, konnte ich den Unterschied am eigenen Leib spüren.

Über diesen Unterschied wurde nicht viel nachgedacht. „Wir müssen halt jedes Loch aufreißen und die ganze Nacht über offen lassen, sonst könnten wir in diesem Backofen nicht schlafen!", meinten die Holzknechte dazu. Unbewusst erlebte ich so meine ersten Bauphysiklektionen, die später für mich überaus wichtig waren.

Es gab aber noch mehr denkwürdige Begegnungen und Erfahrungen, die ich vorerst mit dem studierten Ingenieurswissen nicht erklären konnte.

Da waren die Geigenbauer aus Mittenwald. Zwei junge Männer klopften eines Tages an mein Forsthaus. Im Karwendel, in den hoch gelegenen Tälern, müssten einzelne dieser sagenumwobenen Geigenstämme wachsen. Oft eignet sich nur ein einziger Baum unter einer Million Artgenossen. Haselfichten werden diese seltenen Exemplare genannt, weil ihre Faser nicht gerade wie bei normalen Fichten verläuft, sondern gewellt ist. Man sagt dazu auch gehaselt, geriegelt oder gewimmert. Auch Boden und Klima des Standortes, an dem diese Bäume wachsen, müssen noch ganz besondere Voraussetzungen bieten. So ein Traumstamm muss unter anderem an einem völlig windgeschützten Ort aufwachsen. Jede Unregelmäßigkeit, jedes Druckholz im Inneren zerstört die begehrten Klangeigenschaften.

Kurzum, wir stiegen tagelang durch die Bergwälder, klopften und hörten in das Innere hinein. Anfangs staunte ich nicht schlecht, als die beiden behaupteten, schon beim Klopfen mit der Rückseite der Axt viel von den späteren Klangeigenschaften zu hören. Tatsächlich tönten die allermeisten der borkig dicken Fichtenstämme ähnlich dumpf, während dann und wann ein deutlich hellerer, längerer und dicht klingender Gong antwortete. Dieser Klang löste jedes Mal Hoffnung und freudiges Erwarten aus. Jetzt musste die Faser untersucht werden. Gab es hier Haselfichten, bei denen sich ein Span nicht schnurgerade, sondern fein gewellt aus der Stammoberfläche löst? Ich wusste, welche dieser ausgewachsenen Bäume in den nächsten Jahren zur Ernte kamen. So konnten wir bei diesen ein Stück Rinde entfernen und mit dem Spantest den Wuchs der Faser untersuchen. War es Glück, ein Zufall? Wir konnten wirklich eine uralte Fichte, fein klingend mit gehaseltem Wuchs finden. Die beiden waren außer sich vor Freude. Sie hatten ihren ersten Geigenbaum hoch oben im einsamen Karwendeltal vor sich.

Aber auch mich, den jungen Förster, hatte die klingende Fichte tief berührt.

Bis dahin habe ich das Holz meines Waldes vorschriftsmäßig an ein Großsägewerk geliefert. Dort wurden die Stämme zwar mit beeindruckenden Hochleistungsgeschwindigkeiten von den modernen Maschinen hineingefressen. Für die beste Wertschöpfung, das Ernten, Beobachten und Auswählen der besten Möglichkeit, die jeder Baum uns Menschen bietet, war in der Großindustrie aber keine Zeit mehr.

Plötzlich kommen zwei junge Männer, klopfen wie die Spechte an meinen Bäumen herum und finden so eine Kostbarkeit, die sonst achtlos im Fleischwolf der Massenverarbeitung verschwindet.

Die beiden erzählten mir vom Mythos, dass angeblich sogar Stradivari für seine Geigen Holz im Karwendel gefunden hätte. Eine Geige von Stradivari gehört heute zu den größten Kunstschätzen der Welt. Mir war nicht wohl bei dem Gedanken, in der Massenverarbeitung so manchen Traumstamm achtlos untergehen zu lassen.

Später habe ich mich in dieses Thema vertieft und einige traumhafte Geigenbäume entdeckt. Ein alter Geigenbauer, den ich zur Besichtigung eines Stammes einlud, fand so ausgerechnet an seinem 70. Geburtstag den besten Stamm seines Lebens. Er war überglücklich und stand weinend vor Freude im Bergwald vor dem Baum, von dem er sein Leben lang geträumt hatte.

Zwei Jahre später besuchte er mich. „Aus dem Stamm konnte ich Rohlinge für eine ganze Reihe von Geigen herausspalten. Normalerweise werden die jetzt viele Jahre gelagert, bevor sie verarbeitet werden. Aber eine einzige Geige wollte ich jetzt schon daraus bauen. Hier ist sie!"

Er packte eine wunderschöne Geige aus und spielte zum Dank für uns im hölzernen Wintergarten. Draußen spielte der Wind mit den Blättern der Bäume. Drinnen klang die Geige. Der Klang, die Schwingung dieser Fichte, über 500 Jahre ist sie in den Salzburger

Hohen Tauern gewachsen, das ging meiner Frau und mir durch und durch. Bäume können so vielfältig zu uns Menschen sprechen. Die Geige gibt ihnen eine besonders innige und schöne Stimme. Bevor wir noch weitere Stimmen und Sprachen der Bäume hören, wollen wir uns aber noch altes Wissen rund um die Rhythmen der Natur, Mondholz, wissenschaftliche Forschung dazu sowie Handwerkskunst von Europa bis Japan ansehen.

Mondholz

Das war in meinem normalen Dienstplan als Förster nicht vorgesehen: Ein Baumeister aus Bayern, der sein eigenes Haus errichtete, wollte vieles mit Holz machen. Er kannte sich nicht so gut aus, hatte aber gehört, dass Bauholz besser ist, wenn es zu einer bestimmten Mondphase im Winter geerntet wird. Dieses Wissen wurde während meiner Berufsausbildung nicht mehr gelehrt. In meiner Kindheit war es natürlich noch vorhanden. Der Holzkamin im Bauernhaus, der nur schwarz verrußte und verkohlte, der aber nicht brannte, weil er zur richtigen Mondphase geerntet worden war. Die Zaunstempel, die auf dem Feld nur bei abnehmendem Mond geschlagen wurden. Diese ziehen in die Erde hinein. „Wenn du bei zunehmendem Mond zäunst (den Zaun baust), dann wackelt der ganze Zaun schon nach dem ersten Winter!", hieß es.

Wurde eine Quelle gefasst und zum Brunnen der Viehtränke oder auch zur Trinkwasserleitung geführt, dann sollte das tunlichst bei zunehmendem Mond geschehen. Quellen können bekanntlich ohne sichtbaren Grund versiegen. Und überhaupt, die uralten Holzgehöfte, deren Holz durch die Jahrhunderte außen schwarz und innen steinhart geworden war, die bestehen alle aus Holz, das im Zoachen geschlagen wurde. Gemeint ist Holz, zum richtigen Zeitpunkt geerntet, also im Winter bei abnehmendem Mond und manchmal sogar zusätzlich an bestimmten Sternbildtagen. Diese und noch mehr Überlieferungen und Erzählungen der Alten hatte ich als Kind im Bergdorf gehört. Natürlich wussten die Leute auch vom Mondeinfluss auf Mensch und Tier zu berichten. Haare zu schneiden bei zunehmendem Mond, Sternzeichen Jungfrau und Löwe, gäbe das beste Haar. Geburten kommen gerne bei jedem Mondwechsel. Heilkräuter sind stärker, wenn sie bei zunehmendem Mond geerntet werden. Ja, und das Anwachsen aller Pflanzen im Garten, auch der Bäume, hängt ganz und gar vom Mond ab.

Mit dem Herauswachsen aus der Kindheit und dem Eintreten in die forsttechnische Ausbildung war Schluss mit diesen Weisheiten. Jetzt ging es um das technisch Machbare und wirtschaftlich Optimale. Naturrhythmen schienen eine Angelegenheit für romantische Erinnerungen zu sein. Da tauchte dieser Baumeister auf und wollte Mondholz von mir. In meinem Innersten weckte er damit manche Kindheitserinnerung. Den Preis konnte ich so vereinbaren, dass es für den Staatswald kein Schaden war. Also, wenn Mondholz etwas mehr Wertschöpfung bringt als normales Blochholz für die Industrie, warum nicht?

Das Bauholz für den Baumeister wurde jedenfalls meine erste Mondholzpartie. Mit Skiern stiegen wir stundenlang ins tief verschneite Johannestal auf, um dort oben, unweit vom Kleinen Ahornboden, fein gewachsenes Holz zu ernten. Auf dem Rücken trugen wir das schwere Werkzeug. Ein Mann schaufelte die Stammanläufe frei. Dann sägen, keilen, bis sich die Baumriesen neigten und der schneebehangene Wipfel staubend im tiefen Schnee des weiß verhüllten Berghanges versank. Wir hatten zu tun in den wenigen Stunden bis zur frühen Dunkelheit, über 30 mächtige Bäume zu fällen. Da blieb wenig Zeit zum Rasten. Kurz trinken, eine Stärkung und wieder sägen, den Keil ansetzen, die Axt am Keil klopfte hell durch das einsame Hochtal. Der letzte Baum fiel in der Dämmerung. Gott sei Dank, die Abfahrt mit den Skiern ging flott. Bei Dunkelheit am 30. Dezember erreichten wir das Forsthaus. Morgen ist Silvester, heute haben wir eine Mondholzpartie geerntet. Müde, aber glücklich wurde im Forsthaus der Jahreswechsel gefeiert.

Im Frühjahr wurde das Holz eigentlich zu früh, noch halbtrocken, verarbeitet und eingebaut. Bei der Firstfeier bewunderte ich dann meine Bäume, die feine Hochgebirgsfaser. Da fiel gleich auf, ein Balken in der Tramdecke war aus anderem Holz, vermutlich einer Fichte aus tieferen Lagen, geschnitten. Das schneller gewachsene Holz ließ sich an den größeren Jahrringabständen deutlich erkennen. Der Zimmermeister, der das Holz verarbeitet hatte, gab die Antwort: „Ja, ja, da haben wir einen Balken verschnitten und damit wir die Baustelle nicht aufhalten, habe ich einen Tram aus meinem Lager verwendet!"

Das war ja wirklich nicht tragisch. Der Balken war nur von Fachleuten am unterschiedlichen Wuchs zu erkennen. Jahre später kam ich wieder in das Haus. Unglaublich, mein Karwendel-Mondholz lag unverändert und wunderschön, obwohl es gar nicht trocken genug eingebaut wurde. Nur der einzige ausgetauschte Balken war rissig und hatte sich nun nach den Heizperioden stark verändert. Auch diese starken Längsrisse sind nicht tragisch. Längsrisse beeinträchtigen die Statik und Funktion eines massiven Balkens kaum. Trotzdem hätte ich mir bis dahin den Unterschied zwischen Mondholz und Nichtmondholz nicht so vorstellen können. Die Erzählungen des Großvaters über im Zeichen geerntetes Holz, gemeint ist Mondholz, erhielten für mich eine neue, praktisch anwendbare Bedeutung, wenngleich ich bis jetzt die wichtigsten Vorteile von Mondholz noch gar nicht kannte.

Das nächste Kapitel wurde am Gerlospass, dem Bergübergang vom Tiroler Zillertal in das salzburgische Salzachtal, geschrieben. In diesen Hochwäldern habe ich als frischgebackener Jungunternehmer für das eigene kleine Sägewerk eine Partie Fichten und Lärchen gekauft. Der Ernstetermin im Jänner bei abnehmendem Mond war vertraglich festgeschrieben und wurde von den Arbeitern meines früheren Arbeitgebers, den Österreichischen Bundesforsten, genau eingehalten. Ich hatte einen Holz-Lkw organisiert, der die Stämme gleich auf eine Wiese neben der Gerlos-Passstraße lieferte und dort lagerte.

Nach den zwei Wochen des abnehmenden Mondes war mein Holz fertig geerntet und auf einem großen Polter auf der Almwiese neben der Straße gelagert.

Die Forstpartie aber wollte weiterarbeiten und sägte jetzt bei zunehmendem Mond die nächste Partie, die an einen Nachbarsäger verkauft wurde. Dieser lagerte sein Holz unweit meines Lagers auf einem separaten Polter. Starke Schneefälle verdeckten alles unter dicken Hauben. Im Frühjahr wurde aus der Situation ein ungeplanter Versuch. Die kühlen und niederschlagsreichen Bergtäler der Nordalpen bieten ideale Lebensbedingungen für Fichten, Lärchen und Tannen. Wichtige Bewohner der Nadelwälder sind die Borkenkäfer. Der Buchdrucker, der Nutzholzbohrer und der Kupferstecher sind die drei häufigsten Vertreter, die im gesunden Wald ausgewogen mit ihren Bäumen leben. Um dieses Gleichgewicht zwischen Käfer und Bäumen zu bewahren, weiß jeder Förster, dass im Frühjahr kein Stammholz in Rinde im Wald herumliegen darf. Solche geernteten Stämme sind vom natürlichen Abwehrsystem durch ihre Wurzeln abgeschnitten und daher eine ideale Brut- und Vermehrungsstätte für den Borkenkäfer. Dort, wo die Rinde noch genügend Restfeuchte enthält, hat der Käfer ein leichtes Spiel. Der Harzfluss gesunder Stämme kann ihn hier nicht auf eine ausgewogene Zahl begrenzen. Auf die Käfer des Waldes wirken derartige Gelegenheiten als magische Anziehungspunkte. Sobald sich im Frühjahr die ersten warmen Sonnentage zeigen, umschwärmen die kleinen Tiere die gefundenen Stätten der bevorstehenden Paarung und Eiablage.

Der Käferbefall zeigt sich dann unverkennbar wenige Tage später. Tausende der winzigen Nager beginnen ihre Löcher in die Rinde zu bohren. Die Quergänge entstehen sogleich unterhalb der Borke. Das Bohrmehl wird fein säuberlich beim Ausgang hinausgeworfen. Dort entstehen, oft schon von Weitem sichtbar, die berüchtigten Bohrmehlhäufchen, Hunderte und manchmal Tausende auf einem einzigen Stamm. Zu dieser Zeit ist die Holzabfuhr aus den Wäldern meist ein betriebsames Geschäft. Jeder Waldbauer und jeder Förster drängt, zuerst das im eigenen Wald lagernde Rindenholz wegzufahren.

Sind die Stämme erst einmal im Sägewerk gelandet, wartet dort schon die Entrindungsmaschine. Bereits eingebohrte Käfer werden bei der Entrindung großteils zermalmt. In jedem Fall aber sind die Brutmöglichkeiten beseitigt, sobald das Holz von der Rinde befreit ist. In die nackte Holzfläche der nun so hell geschälten Stämme gehen die Borkenkäfer nicht mehr hinein. Für ihren ersten Wohnungsbau im Holz benötigen sie das feuchtwarme Klima zwischen Rinde und Stamm. Nicht umsonst heißen sie ja Borkenkäfer.

Auch für mein Lager auf der Gerlos oben gab es einen drängenden Förster. Ich fuhr also an diesen ersten warmen Frühjahrstagen dorthin, um zu sehen, ob die Käfer schon unterwegs waren. Beruhigt atmete ich auf, denn sosehr ich auch über die Holzpolter kletterte, kein einziger Käferanflug, kein Bohrmehlhäufchen war sichtbar. Mit der immer griffbereiten kleinen Försterhacke entfernte ich auch da und dort größere Rindenflächen, um ganz sicherzugehen. Manchmal spült nämlich starker Regen die äußeren Zeichen des Käferbefalles von der Rinde und das geheime Treiben der Insekten wird übersehen. Unter der Rinde wären an befallenen Stämmen die eingebohrten Fraßgänge sogleich sichtbar. Außer angenehm beruhigendem Baumharzgeruch war jedoch nichts feststellbar.

Bei dieser Gelegenheit ergriff mich eine weit verbreitete Angewohnheit aller Säger und sonstiger „Holzwürmer". Ich ging die gut 50 Meter über die Almwiese hinüber zum Holzlager des Nachbarn.

Wenn irgendwo Baumstämme liegen, kann ich einfach nicht achtlos vorbeigehen. Die Jahresringe an den Stirnflächen erzählen mir vom Boden und Wuchs, eventuelle Faulflecken von alten Rindenverletzungen, Steinschlag, unachtsamen Holzknechten oder einem allzu hungrigen Hirsch, die Mantelfläche mit den abgeschnittenen Ästen verrät so viel über die Möglichkeiten, die sich hier dem Holzhandwerker noch bieten werden.

Neugierig kam ich also bei Nachbars Stämmen an. Die Überraschung war mehr als groß. Vor mir breiteten sich alle Spuren des dichtesten Borkenkäferbefalles aus. Überwiegend die braunen Häufchen vom Buchdrucker bedeckten Stamm für Stamm. Dazwischen gab es aber auch zahllose Häufchen vom Nutzholzbohrer. Der macht seinem Namen alle Ehre und frisst sich nicht in die Rinde, sondern geradewegs ins Holz hinein. Seine Häufchen sind also weiß, er wirft ja anstelle der braunen Rinde fein zernagtes Holz aus. Alles, was Förster und Säger am liebsten abschaffen würden, tummelte sich hier in liebestoller Paarungslust. Wehe, wenn dieses Treiben unentdeckt weitergeht! In einigen kurzen Wochen würde die Brut der frisch gepaarten Käfer in zehn- und zwanzigfacher Zahl fertig entwickelt sein. Eine neue Armee gieriger Insekten, die zwingend neue Brutstätten suchen müssen. Wenn dann nur gesunde Bäume zu finden sind, werden diese überfallen.

Das konnte ich einfach nicht glauben. Diese Stämme waren am gleichen Ort im gleichen Wintermonat geerntet worden. Nur eben zum umgekehrten, dem zunehmenden Mond. Ich ging zwischen den beiden Lagern staunend hin und her. Es blieb dabei: Mein Mondholz war unbefallen, das „Nichtmondholz" wurde von den Käfern als besser schmeckende Alternative dicht besiedelt.

Damit war ich beim wichtigsten Vorteil der Holzernte zum richtigen Zeitpunkt angelangt. Die natürliche Resistenz, der natürliche Schutz dieser Hölzer, ist so am höchsten. In keinem einzigen Unterrichtsfach meiner Ausbildungszeit habe ich etwas davon gelernt. Aber das, was sich vor meinen Augen abspielte, war unmissverständlich.

Der Zufall bescherte mir etwas später den zweiten Unterricht und Beweis zur natürlichen Dauerhaftigkeit von Mondholz. Im Herbst lieferte ein Bauer eine Partie Zirbenholz zum Lohnschnitt in meine kleine Säge. Jeder Fachmann weiß, dass die Zirbe eine Kiefernart ist und Kiefern als Rundholz in warmer Sommerluft an wenigen Tagen, sicher aber in einigen Wochen in den Randschichten des Holzes, dem sogenannten Splint, blau werden. Das ist ein Bläuepilz, der „nur" die Farbe verändert, die Festigkeit jedoch unbehelligt lässt. Für hochwertige Zwecke, etwa Möbelholz für den Tischler, ist so ein Holz aber entwertet. Niemand will blau verfärbte und gestreifte Möbel, Fenster, Türen oder Wandverkleidungen kaufen. Zirben und Kiefern allgemein werden daher in der kalten Jahreszeit geerntet und in Bretter und Pfosten zersägt. Diese trocknen dann im gestapelten und trocken gelagerten Zustand so schnell aus, dass die Gefahr der Verblauung weitgehend gebannt ist.

Entgegen all diesen Regeln lenkte der Bauer diese Holzfuhre an einem heißen Spätsommertag auf meinen Lagerplatz im Sägewerk. „Verheerend für das kostbare Zirbenholz", dachte ich. Aber als das Gatter in den ersten Stamm schnitt, kam die große Überraschung. Es verbreitete sich nicht nur der wunderbare Zirbenduft im ganzen Gelände. Die Bretter fielen blütenweiß hinter der Säge auseinander, wie von frisch geernteten Stämmen. „Ja, ja", meinte der Bauer „es zahlt sich schon aus, beim Holzen auf den Mond zu schauen. Die Zirben haben wir im Vorjahr am 21. Dezember, dem Thomastag, bei abnehmendem Mond umgeschnitten. Mit der Heuarbeit im Sommer sind sie jetzt so lange im Wald liegen geblieben!" Ich traute meinen Ohren nicht. Zirben, die über das ganze Frühjahr und den Sommer hindurch im Wald liegen, werden zwetschkenblau und beinahe wertlos. Gerade die Zirbe wird ja überwiegend für den sichtbaren Innenausbau verwendet. An den Stirnflächen der Stämme konnte man aber sehen, dass diese sonnenverbrannt und lange im Wald gelegen sind. Der richtige Holzerntezeitpunkt hat offenbar die teuren Zirbenstämme vor dem Pilzbefall geschützt.

Diese für mich zuerst unglaublichen Erfahrungen drückte der Großvater meiner Frau, der 90-jährige Zimmermann, mit wenigen, einfachen Worten aus: „Wenn Du das beste Holz haben willst, musst Du es im ‚Zoachen' umschneiden. Dann brauchst Du nie mehr einen Pinsel!"

Mit „Zoachen" meinte er das Mondholz, im Winter bei abnehmendem Mond geerntet. Mit nie mehr einen Pinsel meinte er, jeder Anstrich mit giftigen Holzschutzmitteln, die Mensch und Natur schädigen, wird überflüssig. Wie oft erhalten wir gute Ratschläge und können sie trotzdem erst dann im eigenen Leben umsetzen, wenn wir sie selbst erleben können.

Meine Bäume auf der Gerlos, die der Käfer nicht fressen wollte, und das Zirbenholz, in das der Pilz nicht eindringen konnte, haben mir sehr geholfen, den guten Rat vom Großvater zu verstehen und im eigenen Leben und Unternehmen umzusetzen.

Die Försterjahre im Karwendel endeten, als unser ältester Bub in die Schule musste. Wir wollten den Kleinen nicht ins Internat stecken, also verließen wir das lieb gewonnene Rißtal und zogen in die alte Heimat, das salzburgische Salzachtal. Dort begann ich als selbstständiger Unternehmer, meine neu gegründete Firma aufzubauen. Das wichtigste Startkapital waren die gewonnenen Erfahrungen und der damals auf die 90 Jahre zugehende Großvater meiner Frau. Der alte Zimmermann lehrte mich, die ersten hölzernen Häuser zu zimmern. Das Mondholz war dabei vom Anfang an unser einziger Weg der Holzbeschaffung. Wir wurden anfangs oft ausgelacht. Es gab aber auch sehr viel Zustimmung, gerade von Praktikern und alten Handwerkern, die sich freuten, dass dieses Wissen nicht verloren geht.

Mit der Zahl der Bauten und Menge des verarbeiteten Holzes stieg auch unsere Sicherheit. Nach einigen Jahren wurde die kleine Säge am Großvenediger zu eng und ich hatte die Möglichkeit, ein größeres Sägewerk in der Steiermark zu übernehmen. Dort fanden wir auch eine wunderbare Kooperation mit dem Verband steirischer Waldbesitzer. Ein zertifiziertes Mondholzsystem entstand und Winter für Winter fahren wir einige zehntausend Festmeter Nadelholz in die Säge. Die 13 Hektar Betriebsgelände sind im Frühjahr dann mit Hölzern vollgelagert. Herrlich ist es, in dieser Zeit zwischen den hohen Reihen gelagerter Stämme zu spazieren. Gesäumt von Stirnscheiben, Jahresringen,

Baumdüften und Baumgeschichten, zeigt sich das wohl größte Mondholzlager. Allein durch diese Mengen sind wir gezwungen, Jahr für Jahr das Gleiche zu tun, wie es jener Bauer im Oberpinzgau mit seinen Zirbenstämmen machte. Wir können im Sommer ja kein Mondholz ernten, also lagern wir im Winter genug Holz ein, sodass im Sägewerk gleichmäßig das ganze Jahr hindurch geschnitten werden kann. Bis dann im November das erste neue Holz, wieder zur Saftruhe bei abnehmendem Mond geerntet, anrollt. Jahr für Jahr beobachten wir dabei die hohe Dauerhaftigkeit des Mondholzes. Laut Lehrmeinung müsste das einjährig über den warmen Sommer einfach im Freien gelagerte Stammholz bis zum Herbst von Pilzen und Insekten mehr oder weniger befallen und beschädigt sein. Die über den heißen Sommer gelagerten Stämme sind im Herbst im Inneren aber immer noch blank, weiß und unbefallen. Im Bretterlager bekommt dann später manch ein Brett an der Außenseite eines Stapels beim Lufttrocknen eine graue Patina. Aber auch diese kann mit einem Hobelstrich entfernt werden. Innen wird es wieder weiß.

Warum sollen wir Bäume vergiften, damit das Holz haltbar wird, wenn es auch auf natürliche Weise geht? Die ältesten Holzbauten der Erde stehen in Japan. Über 1600 Jahre alte Tempel, die niemals vergiftet wurden. Es wird überliefert, dass die Mönche damals auch schon wussten, wie mit der Natur gearbeitet werden kann.

Als ich 1995 mein erstes Buch zu diesem Thema geschrieben hatte („Dich sah ich wachsen" – über das uralte und das neue Leben mit Holz, Wald und Mond"), bekam ich Reaktionen aus aller Welt. In dicken Ordnern habe ich die Briefe von meist älteren Menschen gesammelt. Handwerker, Bauern und „Waldmenschen", die meinen Beobachtungen eigene Erfahrungen hinzufügten und dies Geschriebene bestätigten. Es gab aber auch Kritik. Vor allem seitens der Industrie wurde der positive Einfluss des richtigen Erntezeitpunktes als wissenschaftlich nicht beweisbar abgetan. Darauf konnte ich zunächst nur mit meinen Beobachtungen und Erfahrungen antworten.

Die Wissenschaft war sich zu diesem Thema vorerst auch uneinig. Das Leben führt manchmal auf sonderbare Weise Regie. Nach Jahren meiner Arbeit in der österreichischen Holzwirtschaft lernte ich einen Mann kennen und schätzen, der nicht nur eines der größten Sägewerke des Landes führte, sondern auch Sprecher der Industrie war. Eines Tages, nachdem aus der Bekanntschaft Vertrauen und Freundschaft geworden war, erzählte er mir etwas: „Erwin, als Du Dein erstes Buch mit dem Mondholz herausgebracht hast, habe ich Dich ja noch nicht gekannt. Wir sind damals zusammengesessen und haben gesagt, was ist denn das für ein Spinner. Wenn die Leute anfangen, Mondholz zu verlangen, dann haben wir ein Problem. In unseren großen Sägewerken können wir so etwas ja nicht organisieren. Also haben wir einen Professor gesucht, der eine kleine Studie macht, damit die Leute sehen, dass Mondholz nicht notwendig ist. Heute sehe ich das anders. Es hilft allen, wenn die Menschen mehr Vertrauen zu Holz bekommen!"

Tatsächlich hatte es nach dem Erscheinen meines ersten Buches zuerst einen bemerkenswerten Film gegeben. Der damalige Leiter der Sparte „Volkskultur" im ORF Salzburg hatte mein Buch gelesen und im salzburgischen Lungau einen der von mir beschriebenen Holzkamine entdeckt. Der Besitzer erklärte sich bereit, für einen Versuch vor laufender ORF-Kamera einen Span, aus dem historischen Holzkamin herausgeschnitten, zu opfern. Aus einem trockenen Holzscheit wurde daneben ein gleich langer, breiter und gleich dicker Holzspan herausgeschnitten. Nun wurden beide Späne über dieselbe Startflamme einer Petroleumlampe gehalten. Im Fernsehbericht im österreichischen Hauptabendprogramm konnten die staunenden Zuseher beobachten, wie der frische Span fröhlich abbrannte, auch wenn man ihn, einmal entzündet, von der Startflamme wegzog. Der Span aus dem alten

Mondholzkamin hingegen gloste vor sich hin, solange er in der Startflamme war. Sobald er weggezogen wurde, ging das Feuer aus. Der pensionierte Hofrat Arno Watteck, ein bekannter Volkskundeforscher, führte diesen Versuch im Fernsehen aus. Mein Buch und der Bericht lösten die beschriebene Reaktion der Sägeindustrie aus.

Wirklich fand sich ein Professor einer holztechnischen Schule, der Mondholz- und Nichtmondholzproben in Reagenzgläsern mit Pilzsporen impfte. Nach sehr kurzen Zeiträumen von einigen Wochen kam die gewünschte Erklärung: „Wir haben das untersucht, es gibt keinen Unterschied zwischen Mondholz und Nichtmondholz!"

Zu diesem Versuch gab es auch Publikationen. In einem populärwissenschaftlichen Magazin des ORF kam sogar ein Bericht mit dem Tenor: Mondholz, Aberglaube, Mythos und wissenschaftlich keine beweisbare Auswirkung. Da liefen am nächsten Morgen in unserem Büro die Telefone heiß. Uns war gleich klar, ein Pilzsporenversuch über einige Wochen oder auch Monate im Reagenzglas ist viel zu kurz. Damit können keine verlässlichen Aussagen für jahrhundertelange Dauerhaftigkeit und Resistenz gemacht werden.

Wenn man die Verwitterungsbeständigkeit wissenschaftlich seriös untersuchen will, braucht man zumindest mehrjährige Testreihen in wirklicher Bewitterung im Freien, wo alle realen Kräfte zusammenwirken. Der große Physiker Werner Heisenberg sagte einmal sinngemäß: „Die Wirkung des Einzelnen ist immer verschieden zur Wirkung des Einzelnen im Ganzen!" Die Haltbarkeit von Mondholz kann seriös nur im Ganzen – das ist hier die jahrelange echte Verwitterung – untersucht werden. Das Reagenzglas blendet viel zu viele Einflüsse aus.

Das leuchtete auch jedem ein. Freilich war es uns nicht möglich, diese Richtigstellung auch dem großen Fernsehpublikum zu übermitteln. Auch die Frage, wer so etwas organisiert, blieb vorerst noch unbeantwortet. Das Leben führte aber weiter Regie.

Nur einige Monate später wurden die wissenschaftlichen Ergebnisse jahrelanger Forschungen einer anderen kompetenten Stelle zu dem Thema publiziert. Seltsamerweise hatten wir bis dahin keine Ahnung, dass in der Schweiz schon mehrere Jahre an dem Thema gearbeitet wurde. Professor Ernst Zürcher, der damals an der Eidgenössischen Technischen Hochschule (ETH) in Zürich forschte und lehrte, publizierte seine wissenschaftlichen Untersuchungen zum Thema Mondholz in verschiedenen, internationalen Wissenschaftsmedien. Den Mondholzstudien Zürchers gingen umfangreiche Studien des Professors voran, in denen er zeigen konnte, dass das Keimverhalten von verschiedenem Pflanzen- und Baumsaatgut signifikant von der Mondphase am Aussaattag abhängig ist. Damit hatte er als Erster alte Aussaatregeln wissenschaftlich bestätigen können. Der Professor kannte also bereits von diesem Beispiel, wie sehr organische Prozesse nach verschiedenen Rhythmen ausgerichtet sind und von diesen beeinflusst werden. Zuerst fanden die Forscher den messbaren Mondeinfluss auf die Bäume an einem bis dahin unvorstellbar seltsamen Verhalten der großen Waldpflanzen heraus. Genau mit dem Rhythmus des auf- und abnehmenden Mondes schwellen die Stämme im Wald leicht an, oder ab, wenn der Mond abnimmt. Bäume pulsieren dicker und dünner im Mondtakt. Diese Bewegungen der Baumstämme erfolgen natürlich nur im Bruchteil von Millimetern, aber sie sind klar messbar und stimmen exakt mit der Mondphase überein. Ebbe und Flut in den Bäumen lassen ihre Stämme, ihre Holzstruktur periodisch anschwellen, um sich wieder zusammenzuziehen. Ganz interessant dabei ist, dass Baumstämme diese Bewegungen im Mondrhythmus auch noch einige Wochen nach der Fällung durchführen, bis diese dann endgültig abklingen. Diese Versuche wurden auch in Dunkelräumen erfolgreich wiederholt, um Tageslicht oder Sonneneinfluss als Ursache auszuschließen. Der Mond ist die treibende Kraft für das geheimnisvolle Pulsieren der Baumstämme.

In weiteren Versuchen kamen die Schweizer Forscher rund um Professor Zürcher dann Schritt für Schritt dem Mondeinfluss auf die Qualität des Holzes auf die Spur. Sie konnten nachweisen, dass sich Mondholz im Trocknungsprozess anders verhält als „normal" geerntetes Holz. Bei abnehmendem Mond im Winter geerntetes Holz zieht sich messbar stärker zusammen. Die Struktur des Materials wird dadurch dichter. Zürcher zeigte damals in langen Messreihen signifikante Unterschiede in der Dichte. Damit bewies er erstmals auch in wissenschaftlichen Untersuchungen, dass die Holzregeln der Alten auf realen Erfahrungen beruhten. Die für uns in unserer praktischen Arbeit wohl wichtigste Publikation folgte etwas später. Im mehrjährigen Langzeittest auf dem Dach der Universität wurden Mondholzproben und Nichtmondholzproben der Verwitterung ausgesetzt. Nach mehreren Jahren ist dann der tatsächliche Zellabbau durch den ganz normalen Pilzbefall in der ungeschützten Bewitterung verglichen worden. Die Ergebnisse deckten sich eins zu eins mit unseren Beobachtungen. Das Mondholz hat eine sichtbar höhere natürliche Resistenz gegenüber Pilzbefall und den holzabbauenden Prozessen. Der Oberpinzgauer Bauer mit seinem Zirbenholz wusste darüber Bescheid und nutzte genau diese natürliche Pilzabwehrkraft des Mondholzes. Seine Vorfahren, die ihm das überlieferten, taten es auch schon immer so.

In der Zeit von Julius Cäsar durften Schiffe ausschließlich aus Mondholz gebaut werden. Der Geschichtsschreiber Plinius berichtete, dass Schiffsbaumeister, welche dagegen verstießen, mit der Todesstrafe bedacht wurden. Die Römer wussten, dieses Holz ist resistenter gegen die Bohrmuschel, den Holzwurm der Meere.

In praktisch allen Hochkulturen der Menschheit, die Holz verarbeiteten, wurde von Mondholz und günstigen Erntezeiten berichtet. Professor Zürcher konnte als erster Wissenschaftler den Vorhang vor diesen Holzgeheimnissen auch in der modernen Forschung heben.

Christbäume und Mondreisig

Mondholz, dieses Geheimnis diente den Schiffsbaumeistern der römischen Antike. In der Hochkultur der südamerikanischen Inka war Mondholz genau gleich das Mittel zur Gewinnung von langlebigem Bauholz, wie es auch in Asien seit Jahrtausenden der Menschheit bekannt war. Dieser Tradition folgen wir heute wieder, um gesunde, energieautarke Wohnhäuser zu bauen. Der Mondeinfluss auf die Bäume wurde aber nicht nur von uralten und neuzeitlichen Holzbaumeistern genutzt. Auch im alltäglichen Leben kann man aus diesem Wissen Vorteile ziehen. Schon in meiner Försterei im Karwendelgebirge kam jedes Jahr in der Vorweihnachtszeit ein Christbaumhändler aus dem Tiroler Inntal herauf. Auf sein Erscheinen konnte ich mich verlassen und so reservierte ich immer eine Fichtendickung, die ohnedies durchforstet werden musste. Der Gottfried, so hieß der Händler, konnte sich hier an die Arbeit machen. Ihm ging es nicht um Holzgewinnung, sondern um die Kronen der kleinen Bäumchen, die er in Jenbach und Schwaz als Christbäume verkaufte. „Eigentlich nehmen die Leute lieber Tannen, weil die Fichten als Christbaum in den beheizten Wohnungen schneller ihre Nadeln verlieren. Mit den abgefallenen Nadeln im Wohnzimmer hat niemand eine Freude. Aber ich kann meine Fichten trotzdem ganz gut verkaufen. Ich schneide die Bäume nur bei zunehmendem Mond bis Vollmond vor Weihnachten um. Dadurch halten die Nadeln viel besser. Das wissen meine Kunden, ich mache es immer so und habe dadurch einen guten Namen!" Christbaumernte zum richtigen Zeitpunkt war das Geschäftsmodell.

Tatsächlich achtete der Gottfried genau auf den zunehmenden Mond bei der Gewinnung seiner Christbäume und der benötigten Zierreiser. Mir als Förster kam diese Tradition sehr gelegen. Bei den Durchforstungen waren wir immer bemüht, die Fichtenwälder durch mehr Mischbaumarten wie Tannen, Buchen, Ahorn, Lärchen, Eschen und auch Birken aufzulockern. Die Tannen waren in der Minderheit und wurden daher konsequent geschont, während wir Fichten zugunsten der anderen in großer Zahl aus den jung anwachsenden Wäldern herausnahmen. Durch Gottfrieds Mondchristbäume konnte ein schöner Teil dieser Fichten sinnvoll genutzt werden. Natürlich probierte ich das auch am eigenen Christbaum im Forsthaus aus. Nach altem Brauch blieb der Christbaum bei uns bis Maria Lichtmess, das ist der 2. Februar, in der warmen Stube stehen. Normalerweise verliert eine Fichte, die sechs Wochen im Winter im trocken beheizten Raum steht, ihr Nadelkleid zu einem großen Teil. Unsere Mondchristbäume haben sich aber immer gut gehalten. Zur Freude der Kinder, die den ganzen Jänner hindurch rote Äpfel und allerlei Selbstgebackenes vom Christbaum heruntemaschen konnten.

Später lernte ich einen Mann kennen, der sich mit diesem Phänomen jahrelang auseinandergesetzt hatte. Hans Pöckl, Altbauer aus dem Wiestal bei Salzburg, fertigt in seiner Freizeit große Alphörner und kleinere Hirtenhörner an. Für ihn war und ist die Verwendung von Mondholz eine Selbstverständlichkeit. Aus Interesse schnitt er darüber hinaus jedes Jahr vor Weihnachten Tannenreiser zum Vollmond. Einige dieser Reiser wurden mit dem Datum des Abschneidens beschriftet und in die Scheune gehängt. Unglaublich, beim Pöckl Hans gibt es heute eine Sammlung von Reisern, die 30 Jahre in der Scheune hängen und noch immer alle Nadeln, zwar eingetrocknet und braun verfärbt, aber fest am Zweig angewachsen, haben. Diese Sammlung wurde in dem erwähnten ORF-Film über Mondholz neben den Holzkaminen und unseren Mondholzhäusern gezeigt. Das begeisterte mich. Für den Garten schnitt ich damals ebenso Reisig, um verschiedene Blumenbeete über den Winter abzudecken. Frost und eine meterhohe Schneedecke hüllten im Winter alles zu. Als im Frühling die Erde wieder braun durch den zerfließenden Schnee atmete, erschienen auch meine Reiser wieder. Verwunderlich, beinahe alle Nadeln waren immer noch fest an den Ästen angewachsen. Staunend nahm ich einen dieser Zweige mit und legte ihn in mein Büro. Dort liegt er heute noch. Ähnlich wie die sonderbar anmutenden Zweige aus der Sammlung des Hans Pöckl verliert er keine Nadeln und wird bald 20 Jahre im warmen, trockenen Büro verbracht haben.

Wer sich sein Schmuckreisig oder seinen Christbaum selbst schneiden kann, ist gut beraten, auf den Vollmond vor Weihnachten zu warten. Wenn es sich an diesem Tag nicht ausgeht, soll man zumindest darauf achten, die Zweige im zunehmenden Mond zu ernten. Diese Weihnachtsbäume und Zweige nadeln weniger und halten länger.

Hier ist es also umgekehrt, wie wir es für gutes und dauerhaftes Bauholz beachten. Beim Bauholz geht es um hohe Resistenz gegen Pilze und Insekten, die erreicht man durch Ernte im abnehmenden Mond. Beim Christbaum sollen die Nadeln möglichst lange halten, dazu soll man bei Vollmond oder zumindest in den Tagen vorher ernten.

Von der einfachen und praktischen Anwendung beim eigenen Christbaum sollte mich dieses Thema noch bis nach Japan führen. Ich hatte damals noch keine Ahnung davon, dass die ältesten Holzbauwerke der Menschheit – 1600 Jahre alte hölzerne Tempel – dort schon damals aus Mondholz gefertigt wurden.

Eine vergessene Technik, die heute auf der Suche nach gesundem und ökologisch verträglichem Bauen wieder hochaktuell wird.

Japan – uraltes Wissen für neues Leben

Die für mich ungewöhnlichste Reaktion auf meine erste Buchveröffentlichung war der Besuch einer japanischen Gruppe. Im Zentrum stand Herr Murakami, er war damals geistiges Oberhaupt eines buddhistischen Klosters in Japan. Traditionell, mit geschorenem Kopf, orangefarbigem Tuch und barfuß in Holzpantoffeln, stand er an einem kühlen Herbsttag, begleitet von zwei Mönchen, einer Dolmetscherin und einigen weiteren Gefährten, vor unserem Forschungszentrum in Goldegg.

„Herr Murakami hat von einem Schüler aus Europa Ihr Buch geschickt bekommen. Es interessiert ihn sehr, weil die japanischen Tempel vor über tausend Jahren in der gleichen Tradition gebaut wurden. Der Rhythmus des Mondes war für unsere Mönche immer ganz wichtig. Wie Sie vielleicht wissen, sind unsere buddhistischen Holztempel heute ja die ältesten Holzbauten der Erde. Das ist möglich, weil wir ganz in der Harmonie der Natur bauen!"

Das wurde mir übersetzt und die japanischen Gäste schauten sich unsere Arbeit an. Sie waren sehr interessiert an der ungewöhnlichen Kombination unseres Vorgehens: auf der einen Seite die strikte Einhaltung des traditionellen Holzerntezeitpunktes, auf der anderen Seite der Einsatz modernster computergesteuerter Maschinen. Wir hatten damals gerade als Prototyp den ersten Roboter weltweit beim Zusammenbau der Massivholzwände für unsere Häuser im Einsatz.

Nach einem gemeinsamen Tag verabschiedeten sich die Besucher mit den üblichen japanischen Verbeugungen, Lächeln, Dank und guten Wünschen. Herr Murakami selbst wirkte sehr fröhlich und interessiert, wenngleich er nicht viel sprach. Zum Abschied gab er aber eine Erklärung ab: „Ich bedanke mich für Ihre Offenheit. Sie haben uns alles gezeigt, wie Sie arbeiten. Für uns ist es so wichtig, auf dieser Erde gut zu leben, dabei aber keine Spur der Zerstörung zu hinterlassen. Ich sehe, was Sie tun, ist gut und ich werde Sie unterstützen!"

Seine Worte freuten mich, aber in meinem Inneren dachte ich: „Wie will mich der freundliche Mann unterstützen?" Er ging behände trotz der klobigen Holzpantoffel über den geschotterten Platz vor unserem Haus und fuhr mit seinen Begleitern weg. Ich blieb in der Abendsonne sitzen und fragte mich: „Ist es verschwenderisch, einen ganzen Tag für so eine Truppe zu opfern? Ich sollte mich um Auftraggeber und Kunden aus Europa hier bemühen. Wir haben so viel investiert und brauchen jetzt Arbeit, Holzbauaufträge." Aber mein Gefühl beruhigte mich. So arbeiten, dass keine Spuren, keine Belastung zurückbleibt: Diese Worte des Besuchers klangen noch nach. Ist das nicht der Weg, der zur besten Qualität der Arbeit für alle und für alles führt?

Bereits zwei Wochen später wurde ich mit meinen Zweifeln eines Besseren belehrt. Ich bekam einen Telefonanruf eines Englisch sprechenden japanischen Verlegers. Er hat den Auftrag erhalten, mein Buch in Japan zu übersetzen und zu vertreiben. Die Möglichkeit, in Japan dauerhafte Holzhäuser ohne Gift zu bauen, soll wieder besser bekannt werden. Ich staunte nicht schlecht. „Was Sie tun, ist gut und ich werde Sie unterstützen!" Diese Abschiedsworte von Herrn Murakami fielen mir ein. Das Buch wurde auch übersetzt. Mit meinem japanischen Verleger ging ich später auf eine Vortragsreise durch ganz Japan. Die Tour begann im tropischen Süden und endete im Norden in Hokkaido mit sibirisch kaltem Nordklima. Dabei habe ich japanische Holzhandwerker kennengelernt, die besser als Handwerkskünstler zu bezeichnen sind. Wir besuchten Orte, die von normalen Touristen niemals gefunden werden. In einem japanischen Bergtal war ich zu Gast in einem Betrieb, der Tischplatten herstellte. Das war keine Industrie, sondern ein Handwerksbetrieb, der nur einige Dutzend Tischplatten pro Jahr verkaufte. Das Besondere dieser Tischplatten war aber, dass sie immer nur aus einem einzigen gewachsenen Stück Holz bestanden. Es durfte nichts zusammengeleimt oder geklebt werden. Nein, ein großes Brett, 3, 5 oder 10 Zentimeter dick und 80 Zentimeter bis eineinhalb Meter breit, war alles. In dieses Brett wurde dann an den vier Ecken je ein Fuß kunstvoll eingezapft und fertig war das edle Stück.

Hierzulande lernt jeder Tischlerlehrling, so eine Konstruktion ist unmöglich. Massivholz in der großen Dimension verzieht sich bei jeder Wetterschwankung, in der Heizperiode und so weiter. Der Tisch würde ewig wackeln. Das wussten die Japaner dieser Firma natürlich auch.

Damit ihre Tische das Unmögliche möglich machten, wurden die Rohlinge für unsere Begriffe endlos gelagert, kleinere Stücke um die 10 Jahre, die ganz großen bis zu 30 Jahre lang. Alle erlesen ausgewählten Tischplatten wurden all die Jahre stehend gelagert. Hunderte Tischplatten in den erwähnten gigantischen Breiten reiften hier mehrere Jahrzehnte, bis sie dann um ein kleines Vermögen verkauft und zu Erbstücken für Generationen verarbeitet wurden. Was für ein Gegensatz zu unserer Spanplattenmöbel-Wegwerfmentalität.

Am Abend hielt ich meinen Vortrag zum Thema Mondholz und wie wir in Europa damit unsere Häuser bauen. In der angeregten Unterhaltung danach war der Eigentümer der Tischplattenfirma einer der Ersten, der erklärte, ohne die Holzernte zur richtigen Mondphase könne er trotz der langen Lagerung seine Qualität nicht erreichen. Und die in seiner Familie seit Generationen angewandten Holzernteregeln seien identisch mit den Holzerntezeiten, die der Mann aus Österreich angibt. Der Verleger strahlte und verkaufte unzählige Bücher. In dieser Nacht wurden wir in einem traditionellen, mehrere hundert Jahre alten Holzhaus untergebracht.

Das Erdgeschoß bildete einen großen Raum. In der Mitte war im Boden eine steinerne Feuerstelle eingelassen. Ein offenes Feuer wurde entfacht. Wir saßen rundherum und zwei Frauen kochten vor unseren Augen am Feuer Gemüse und Fisch, frisch und einmalig im Geschmack. Der lange Tag, meine Begeisterung im einzigartigen Tischplattenlager, der Vortrag und das gute Essen … mir fielen als Erstem beinahe die Augen zu.

Der Gastgeber bemerkte das gleich und bat mich, schlafen zu gehen. Allerdings hätten sie zu meiner Entspannung noch eine Shiatsu-Massage vorbereitet. Das Schlafzimmer war näher und einfacher, als ich mir vorstellen konnte. In der Ecke des gleichen Raumes wurde meine Reismatte ausgebreitet und ein Kopfpolster bereitgestellt. Mein Schlafplatz wurde nun mit japanischen Raumteilern, mit Seidenstoff bespannt und herrlich bemalt, vom übrigen Raum abgeteilt. Der Masseur, ein Mann im mittleren Alter, stellte sich als Shiatsu-Lehrer vor und begann seine Arbeit an meinem Körper. Ich konnte nicht lange wach bleiben, schlief während der Massage ein, tief und fest bis zum nächsten Morgen. Was für eine Lebensqualität erreichen die Menschen in diesem abgelegenen Bergtal mit steilen Waldhängen links und rechts. Sie kochen am offenen Feuer, baden im Fluss, schlafen auf der Reismatte und bauen Tische für Jahrhunderte.

Die sonst auch in Japan allgegenwärtige Wegwerfgesellschaft schien hier nicht landen zu können. Beim Frühstück sprach ich das Thema an. Unsere Gastgeber lachten. „Ja, ja, hier gibt es sehr viele Menschen, die über 90 und auch über 100 Jahre alt sind. Das Leben mit der Natur macht glücklich und wer glücklich ist, der bleibt gesund und wird alt. Dazu benötigen wir keine Konsumgesellschaft."

Auf dieser Reise erfuhr ich auch vom bemerkenswertesten Holzhandwerker meines ganzen Lebens.

Wer schon einmal mit einem Handhobel gearbeitet hat, weiß, dass es nur dann funktioniert, wenn das Hobelmesser ganz genau eingestellt ist. Wenn das Messer nur einige Zehntelmillimeter zu weit aus dem Hobel herausragt, „frisst" sich das Messer in das Holz hinein und der Hobel bleibt stecken oder er reißt einige Stücke aus dem Holz, anstatt einen feinen Span abzuziehen. Ist das Messer zu kurz, geht auch gar nichts. Die Schärfe des Messers muss einer Rasierklinge ähnlich sein, das ist dabei selbstverständlich.

Wenn all das beherzigt ist, wird das Hobelmesser fest und exakt vom Körper des Hobels gehalten. Dann kann es gelingen, mit einem geübten, gleichmäßigen Schub des Hobels vom Brett oder Pfosten meterlange oder noch längere Späne sauber abzuziehen. Auf unserer Japanreise zeigte ein Zimmerer seine ganz andere Art zu hobeln. Sein einziges Werkzeug war eine etwa 75 Zentimeter lange Haltestange, mit Bast sauber umwickelt, daran befestigt ein weniger als 10 Zentimeter langes, krummes Messer mit unvorstellbarer Schärfe. Sonst nichts, kein Tiefenbegrenzer, keine Halterung, nichts. Auf Böcken lag ein Holzpfosten mit sechs bis sieben Meter Länge.

Der Mann nahm sein einfaches Gerät mit zwei Händen. Langsam schritt er zum Anfang des Pfostens. Es war zu spüren, wie er sich versenkte, ganz in sich ging und seine Umgebung nicht mehr wahrnahm. Ruhig, ganz ruhig setzte er die Klinge an das Holz. Jetzt ging ein Ruck durch seinen Körper und er schritt langsam, gleichmäßig Schritt für Schritt den Pfosten entlang. Dabei hob das Messer einen gleichmäßigen, hauchdünnen Span vom Pfosten ab. In einem Stück, vom Anfang bis zum Ende des Pfostens.

Was sich hier vor meinen Augen abspielte, ging über mein Vorstellungsvermögen. Er hielt die Stange frei mit den zwei Händen. Ohne Führung, ohne Auflage oder Einspannung musste er so viel Gefühl entwickeln, dass er die Klinge immer gleichmäßig den Zehntelmillimeter dicken Span abheben ließ.

Die Erklärung, wie so etwas möglich ist, war einfach: „Du musst ein Leben lang üben und Du musst ganz in Dir selbst sein!"

Japanische Handwerkstradition nimmt innerhalb der menschlichen Kulturgeschichte einen besonderen Platz ein. Die Trennung zwischen Arbeit und Privatleben im westlichen Sinn gibt es dort nicht. Die Auseinandersetzung mit dem bearbeiteten Material geht weit über die Logik hinaus. Die Arbeit wird zur Verinnerlichung und Meditation. Dieser Weg zeigt uns, was möglich wird, wenn wir bereit sind, unsere gewohnten Grenzen des Denkens zu überwinden.

Möbel, die nicht als Wegwerfprodukt verstanden, sondern über Jahrzehnte gefertigt zum werthaltigen Lebensbegleiter über Generationen werden. Oder die größten, historischen Holzbauten der Erde, die mächtigen Tempelanlagen, die so gebaut sind, dass ihre beeindruckende Konstruktion aus der Natur herauswächst und nichts und niemand belastet wird. Niemals werden diese Tempelbauten entsorgt werden müssen. Reines Holz wurde von den Mönchen kunstfertig geformt. Stein und Lehm gab es noch, sonst nichts. Kein Müll wird nachkommende Menschen belasten. Ein Kreislaufdenken, das heute neue Lösungsmöglichkeiten aufzeigt. Das Schöne an diesen Beispielen war für mich: Es geht nicht um Einschränkungen und irgendwelche Öko-Beschränkungen. Vielmehr wird neue, bessere Lebensqualität durch ganzheitliches Handeln und Wirtschaften möglich. Die größte Entwicklungschance und Wertschöpfung für die Wirtschaft von morgen liegt in der Umwandlung vom Wegwerfsystem hin zur neuen Kreislaufwirtschaft.

Nach meiner Reise wurde ein japanischer Mondholzverein gegründet. Ich konnte ein Herz voller Inspirationen mitnehmen und in den Jahren danach ist eine Reihe meiner hölzernen Bauten im Land der aufgehenden Sonne errichtet worden. Niemals hätte ich mir das als Förster in meinem Karwendeltal vorstellen können. Aber auch hier offenbarte sich mir ein Naturprinzip. Wer sich in die Gemeinschaft einbringt und sich bemüht, einen guten Beitrag zu leisten, der braucht sich nicht darum zu sorgen, er bekommt genug zurück. Versicherungen mögen schön und gut sein.

Aber viel wirkungsvoller ist es, wenn wir uns in der Lebensphase, in der wir stark und gesund sind, für diejenigen einsetzen, die unsere Hilfe benötigen, und geben, was wir haben und können.

Als ich mein erstes Buch schrieb, wurde ich von einigen gut meinenden Freunden gewarnt: „Du hast Dir ein Wissen erarbeitet, das ist kostbar. Es schützt Dich, das kannst Du doch nicht so einfach preisgeben. Behalte es für Dich und verkaufe Häuser, die besser sind als die Deiner Mitbewerber. Damit verdienst Du auf Dauer am meisten Geld!"

Damals habe ich mich entschlossen, entgegen diesen Ratschlägen das Buch mit meinen Erfahrungen zu veröffentlichen, und habe erlebt, dass genau das Gegenteil vom gut gemeinten Rat der Fall ist. Je mehr wir bereit sind, uns zu öffnen, unser Wissen anderen zu geben und zu kooperieren, desto besser wird es uns selbst gehen. Ein englisches Sprichwort sagt dazu: „what goes around comes around!"

Eine Weisheit, die uns auch die Bäume zuflüstern und vorleben. Jeden Herbst werfen sie ihr ganzes Blätterkleid dem Boden als Nahrung zu. Jeder vorbeikommende Wanderer, der Specht, das Eichhörnchen und alle Waldbewohner finden bei und in ihnen Nahrung, Schutz und Wohnung. Bäume kooperieren mit allen anderen im Ökosystem. Alles, was sie nicht unbedingt zum eigenen Überleben benötigen, geben sie bedenkenlos weiter. Geben und Nehmen bedeutet, lebendig zu sein. Vitalität und Gesundheit hängen eng mit Loslassen-, Herschenken- und auch mit Annehmen-Können zusammen. Wer in diesen Fluss hineintritt, löst automatisch in sich Ängste und Blockaden auf. Auch diese Botschaften sind Teil der Baumsprache, die wir Menschen hören und annehmen können oder auch nicht.

Bei der Beschreibung der einzelnen Bäume werden wir es noch genauer sehen. Verschiedene Baumarten verfolgen durchaus ganz eigene, verschiedene Strategien zu ihrer Entwicklung und Verbreitung. Uns Menschen nicht unähnlich, gibt es solche, die ausgeprägt auf Kraft, Macht und Verdrängung setzen, während andere es mit Zusammenarbeit und Kooperation versuchen. Auch ganz leichte, bewegliche, mit kreativem Pioniergeist versehene Bäume werden uns noch begegnen. Welche Konzepte denken Sie, werden sich dabei als die erfolgreichsten herausstellen?

Eine Forschungsreise

Nach Betrachtung des alten Wissens und der traditionellen Nutzung unserer Bäume wenden wir uns neu entdeckten Phänomenen zu. Gerade die in solchen Fragen kritische Naturwissenschaft zeigt uns plötzlich unerwartete und bisher unvorstellbare technische und medizinische Möglichkeiten im Zusammenleben zwischen Mensch und Baum.

Bevor wir zur Sprache der Bäume, zu therapeutischen Hölzern und zur Weisheit unserer Wälder kommen, soll uns eine ungewöhnliche Reise darauf vorbereiten. Was wir auf dieser Reise erleben werden, hilft uns in den nachfolgenden Kapiteln, das Wesen Baum und die soziale Familie Wald ganz neu zu verstehen, ja zu erspüren. Gemeinsam werden wir nun Forscher und Entdecker gleichzeitig.

Diese Reise ist eine Expedition, für die wir einige Vorbereitungen benötigen. In den vorangegangenen Kapiteln waren wir schon bei den Wurzeln. Dort, wo der Wildbach einen ganzen Baum unterspült hat, sind wir sogar unter die Wurzeln hineingekrochen. Auch in die Kronen sind wir hoch hinauf geklettert. Jetzt nehmen wir uns etwas vor, das auf den ersten Blick unmöglich ist. Baumstämme, von uns Menschen unberührt, stehen oft steil aufragend und bilden die Säulenhallen der Hochwälder. Knorrig und steinhart verbirgt sich das Eichenholz hinter seiner alten Furchenrinde. Gebückt, mit allen fantasievollen Körpern der Waldgeister, beobachten wir uralte Olivenhaine. Spiegelrindenweiß, umgeben von zartgrünen Frühjahrsschleiern, zeigt sich zwischen Birken der Elfenzauber dieser Waldprinzessin.

Wir Menschen können Bäume umarmen, berühren, sehen, riechen. Wir können ihre Geschichten hören. Aber eines können wir normalerweise nicht: In das Innere eines Baumes vordringen. Winzig kleine Insekten sind manchmal dazu in der Lage, wenn an einem sehr alten Baum offene Stellen in seiner Schutzhülle, in der Rinde entstehen. Ein anderer Geselle kann es auch. Doch der ist auf den ersten Blick ein brutaler Bursche. Du sitzt still im Wald, plötzlich hörst Du ein Geräusch. Ein Schrei, der zuerst gar nicht an einen Vogel, sondern eher an ein anderes Tier erinnert. Da kommt schon ein schwarz gefiederter Waldarbeiter mit grellrotem Kopf geflogen. Der Schwarzspecht ist einer aus der zahlreichen Spechtfamilie. Unglaublich, der braucht nicht einmal einen Ast zum Niedersetzen. Mit den Krallenzehen hängt er gemütlich an der senkrechten Rinde des Stammes einer Tanne.

Aber schau nur, was macht er nun? Zum Faulenzen ist er wohl nicht da. Emsig untersucht er das Rindengewand. Peckt hier, peckt dort mit dem Schnabel hinein und rennt spielend leicht rauf und runter, auch rundherum. Die Mühe hat sich schon gelohnt. Er ist fündig geworden. Ein Käfer oder Holzwurm steckt tief im Stamm. Wie er das nur herausgefunden hat. O weh, jetzt geht es los. Erbarmungslos haut der Specht seinen Schnabel in das Holz hinein. Weiße Späne und Scharten hackt er gleich aus dem frischen Holz. Wie kann das kleine Tier nur so fest mit seinem Schnabel, dem Schädel auf den harten Baumstamm eindreschen? Tock, tock, tock, schallt es weit durch den ganzen Forst. Er will hinein ins Holz. Zum fetten Wurm dort drinnen, den er einige Zentimeter tief verborgen aufgespürt hat. Und manchmal, ja manchmal hackt er sich gleich seine ganze Wohnung in einen großen Stamm hinein. Der Specht ist nicht dumm. Er weiß ganz genau, im Sommer ist es fein kühl in so einem Baumstamm, und im Winter gibt es im ganzen Wald kein wärmeres Nest.

Auch wir wollen jetzt in den Stamm dieses Nadelbaumes hinein. Wir wollen endlich wissen, was dort los ist.

Nun, wir Menschen haben keinen harten Spechtschnabel und mit dem Kopf zu hämmern, das geht bei uns schon gar nicht. Nur der Specht hat sein Gehirn so weich in einer Flüssigkeitsblase gelagert, dass er diese Art der Kopfarbeit aushält.

Hier in diesem Kapitel greifen wir daher zu einem Trick, um ins Innere der Bäume zu gelangen. Wir stellen uns vor, dass wir winzig, winzig klein sind. Klein wie ein Borkenkäfer? Nein, der ist zwei, drei Millimeter groß. Das ist viel zu groß. Borkenkäfer müssen sich ja in den Stamm bohren, wenn sie hineinwollen. Wie wir bald sehen werden, wäre das viel zu gefährlich. Der Baum wehrt sich gegen jeden ungebetenen Besuch und ertränkt die Käfer mit Harz in ihren Gängen. Das tut er, solange er nur genug Harz zur Verfügung hat. Für die Forschungsexpedition in die Baumstämme hinein machen wir uns so klein wie die kleinsten Organismen auf dieser Welt. So klein wie winzig kleine Viren vielleicht. Jedenfalls denken wir uns so klein, dass wir gemeinsam bequem durch das Leitungssystem des Baumes, die sogenannten Kapillarröhren, wandern können. In die einzelnen Zellen des Baumes wollen wir vordringen, die allerfeinsten Strukturen des Holzes werden wir so betrachten können.

Ich verspreche es: Alle, wirklich alle, die hier mitmachen, werden aus dem Staunen nicht mehr herauskommen. Ein Holzstück ist ein fester, undurchdringbarer Brocken – meint man. In Wahrheit ist Holz eines der am feinsten verwobenen Materialien. Es gibt dort ausgeklügelte Leitungssysteme, die Wasser und Nährstoffe von der Wurzel zum Dach strömen lassen. Diese feinen Kapillarröhren sind durch Ventile miteinander verbunden. Das Gefühl, in einem Geisterschloss zu sein, befällt uns beim Anblick der Ventile, die auch Tüpfelzellen genannt werden. Das Wasserrohr selbst, die Kapillare, öffnet sich hier mundförmig mit runden, wulstigen Lippen. Darüber liegt eine hauchdünne Membranhaut. Nur in die gewünschte Richtung lässt sie das Wasser fließen. Bei jedem Versuch des Saftes, einen anderen Weg zu finden, sperrt sie die Leitung zu. Nicht nur den Saftstrom lenken diese Ventilstationen ganz im Sinn des Baumes. In Trockenzeiten, wenn vorübergehend die ausreichende Wasserversorgung versiegt und der Baum zu vertrocknen droht, halten die Tüpfelzellen das letzte kostbare Nass, solange es geht, in ihrem Leitungsabschnitt zurück. So teilen sie die Trinkvorräte klug ein, damit die Zeit bis zum nächsten Regen so gut wie möglich überstanden wird.

Die Frage, die uns hier vorerst niemand beantwortet, ist die nach dem Wärter, der diese Ventilvorrichtung so klug steuert. Wir sehen niemanden, aber trotzdem funktioniert sie ganz präzise. Auf unserem Weg werden wir noch viele solche Tüpfel passieren müssen. Deshalb üben wir jetzt einmal das Klettern auf dem engen Pfad zwischen Membranhaut und dem wulstigen Zeltmund an dieser Stelle.

Schematische Darstellung einer Elektronenmikroskop-Vergrößerung der Holzstruktur

Die Holzzellen selbst sind wunderbar geometrisch geformte Körper, einmal mit dicken Wänden, damit die enormen Lasten eines ganzen Baumes getragen werden, einmal mit dünneren Wänden, um im Inneren mehr Raum für die Lagerung verschiedenster Stoffe zu bekommen.

Der größte Teil unseres Nadelbaumes besteht aus Längszellen. Braunes Lignin, der Holzstoff und weiße Cellulose beziehungsweise Hemicellulose werden vom Baum als Hauptbaustoffe verwendet. Zusammengebündelt bilden sie die typischen Holzfasern. In Wahrheit, das sehen wir erst jetzt, wo wir selbst so winzig klein sind, in Wahrheit handelt es sich um lauter hohle Körper, die sich wabenförmig aneinanderschmiegen. Sie sind die statische Bestleistung, für die die Natur Jahrmillionen experimentiert hat. Alle Wände, die Stärken, der Umfang, das gegenseitige Abstützen der Faserbündel zum ganzen Stamm, all das ist genau optimiert. Nichts ist zu dick oder zu dünn. Hier wird weder verschwendet noch zu viel gespart.

Es ist ein Labyrinth, das erfolgreich so viele Anforderungen erfüllt. Der Saftstrom wird exakt durch die hohlen Kapillarröhren gelenkt und gesteuert. Alle Kräfte vom Sturm, dem Schnee, dem seitlich anlehnenden Baum, alles Drücken und Ziehen wird getragen. Und daneben gibt es das riesige Labor. Nährstoffe, Konservierungsstoffe, Heilmittel gegen Verwundung, Abwehrstoffe und noch einiges mehr wird in genau eingeteilten Regionen eingelagert, bei Bedarf abgeholt und oft auch vorübergehend chemisch umgewandelt. Für all diese Zwecke sind neben Längskapillarröhren und stützenden Holzfasern auch noch Querzellen angelegt. Als wären Holzdübel quer durch die einzelnen Schichten geschlagen, durchdringen diese die dichten Wände der Jahresringe. Ein geniales statisches Konzept, das dem Wabenverbund die Steifigkeit einer Säule gibt und gleichzeitig bei Extrembelastungen nachgeben, sich biegen kann. Diese Querzellen werden oft Markstrahlen genannt. Für unsere Expedition haben sie einen unschätzbaren Wert. Sie sind der beste Weg, um bequem in das

Innere des Baumes zu gelangen. Aber Vorsicht, die Markstrahlen sind ganz beliebte Lagerstätten der inneren Baumfabrik! Neben Harzen und Terpenen gibt es Säuren, Öle, Extraktstoffe und Duftmittel. Wir werden also genau darauf achten, dass wir nicht im Harz kleben bleiben oder in einer Säure konserviert werden.

Gehen wir voran. Die ersten Zellschichten des Stammes sind zu erkunden.

Feste Stützmauern wechseln sich mit Arkadengängen und lichten Säulenhallen ab. Hundertfach wiederholen sich diese Bauabschnitte, sodass wir Winzlinge uns verirren können. Eine Zauberwelt geht vor uns auf. Und das Seltsamste: Überall geschieht etwas. Es fließt, es rauscht und brodelt, blubbert und dampft. Zellen teilen und vermehren sich. Stoffe werden ständig umgewandelt, in das kunstvolle Bauwerk eingebaut. Emsiges Geschehen herrscht an allen Orten und trotzdem sieht man niemanden arbeiten. Alles geschieht wie von Geisterhand. Feinste Moleküle, oft nur ganz wenige zu einem Enzym verbunden, steuern hier, öffnen Schleusen, führen Stoffe zusammen oder trennen andere sorgfältig in die passenden Lagerzellen. Endlos könnten wir fasziniert dieser Zauberwerkstätte zusehen. Jede Bewegung, alles Fließen und Verändern fügt sich magisch passend zusammen. Noch nie zuvor konnten wir so ein stilles und perfektes Ineinanderwirken erleben. Und die Räume, die Hallen dieser Fabrik selbst: Schöner und kunstvoller und dabei gleichzeitig ganz und gar zweckmäßig könnte sie kein Architekt entwerfen. Es ist eine vollkommene Konstruktion, die ihren Zweck verinnerlicht zu haben scheint. Ohne jeglichen Zierrat kommt sie aus.

Stell Dir vor, in jeder Wand, in jeder Ecke im kleinsten und unbedeutendsten Bauteil der Zauberburg werden zu jedem Augenblick alle Kräfte, die hier drücken, ziehen oder spannen, fein gemessen. Sobald auch nur ein einziger Teil zu schwach erscheint, der Druck größer geworden ist oder sonst eine Veränderung eintritt, werden Zellen neu gebildet, angelagert, darum herumgebaut oder sonst eine Lösung gesucht. Alles, was wir sehen, entspringt einer Funktion und trotzdem wirkt es in einer vollkommenen Schönheit. Der Baum ist eine Fabrik, die sich neben ihrer normalen Arbeit der Zellbildung, Fotosynthese und Sauerstoffproduktion ständig selbst misst und neu erfindet. Sie prüft immerzu ihre Struktur und verbessert sie immerfort in allen Bauteilen. Erst jetzt verstehen wir, wie das Wunder möglich wird, tonnenschwere Bäume kirchturmhoch in den Himmel wachsen zu lassen und das Ganze in oft nur weicher Erde mit einem einzigen Wurzelstock zu verankern. Kein Bauingenieur und kein Statiker dieser Welt könnten diese Aufgabe mit so geringem Aufwand derart effizient lösen. Der Statiker kann nur ein einziges Mal, bevor sein Haus gebaut wird, rechnen. Da muss er alles, was später geschehen kann, berücksichtigen: den Sturm, den Schnee auf dem Dach, das Eigengewicht, und zur Sicherheit soll alles noch ein bisschen stärker gebaut sein. Der Baum hingegen misst und rechnet sich jeden Tag, jeden Augenblick neu. Sobald er spürt, an einer Seite weht jetzt der Wind stärker, baut er hier Stützmaterial ein. Die Tragfähigkeit des Stammes entwickelt er jedes Jahr neu, genau der Veränderung seiner Krone angepasst. Kein Wunder, dass der Baum noch genauer, noch optimierter für den jeweiligen Lastfall konstruieren kann.

Das Wachstum der Bäume und aller Pflanzen ist eines der größten Wunder auf dieser Erde. Bedenken wir, da entsteht das größte Lebewesen dieser Welt scheinbar aus dem Nichts. Der Bauplan, alle Information für das kühne Projekt einer 40 oder 50 Meter hohen Tanne kommt in Form eines nur stecknadelgroßen Samenkorns auf die Erde geflogen. Diese Information, einige Kubikmeter Humus, die Sonnenkraft und durchströmendes Wasser genügen der Natur, um Tausende Kilogramm schwere Kronen in lichte Höhen hinaufzuheben. Es gibt keinen Baukran, der Strom verbraucht. Kein Betonmischer fährt dieselgetrieben von weit her. Kein Arbeiter plagt sich schwitzend beim Bau des Baumwolkenkratzers. Kein Bauingenieur mit Software und Rechenzentrum wird benötigt, damit der astbehangene Holzturm fest verankert aus dem Erdreich ragt. Auf dieser Baustelle gibt es auch keinen Müllcontainer. Eine Baustelle ohne Bierflaschen, Plastikfetzen, Baumaterialreste, leere Fässer und Behälter. Was dürfen wir Menschen noch lernen, bis wir dieser Vollendung nahekommen? Humuskraft und Sonnenlicht allein erschaffen in der Waldfabrik die Wunderwelt der Bäume, in die uns unsere Forschungsreise hineinführt.

Zuerst hat uns die verwobene Vielfalt der rauschenden Leitungsbahnen und Holzzellen jede Orientierung genommen. Aber sobald wir nun von der Rinde weg mehrere Zentimeter tief in das Innere des Baumstammes vorgedrungen sind, gelangen wir an eine Grenzregion, die neuerdings ein anderes Geschehen offenbart. Das Stützsystem mit seinen Längs- und Querwänden, die Zellhohlräume, Jahresringe mit lockeren, groß aufgeblasenen Zellreihen, die im Frühling gewachsen sind, an der inneren Seite und ganz engen, kleinen, dicht verwachsenen Zellknollen an der äußeren, der Herbstseite des Ringes: All das ist gleich im sogenannten Kernholz, das hier beginnt. Der markanteste Unterschied liegt im Wasser. Plötzlich strömt es kaum mehr. Ehemalige Schleusen wirken aufgelassen. Sie sind zu beinahe unkenntlichen Verdickungen der Kapillarleitungen zurückgebildet. Hier drinnen strömt kaum mehr Wasser nach oben. Auch die Laborarbeit mit ihrer pausenlosen Betriebsamkeit ist der Stille selten aufgesuchter Lagerstätten gewichen. Vom süßen Zucker, den der Baum für sein Wachstum, für die Photosynthese in den grünen Nadeln benötigt, ist hier nicht mehr viel zu schmecken.

Das Lebenslabor des Baumes, der Wasserstrom nach oben, die unmittelbare Bereitstellung aller wichtigen Nähr- und Abwehrstoffe, all das geschieht in den äußersten Schichten, nur wenige Zentimeter unter der Oberfläche eines Holzstammes. Die Zellteilung selbst, das jährliche Dickerwerden beschränkt sich auf die feine Übergangszone zwischen Rinde und blankem Holz, das sogenannte Kambium. Diese Haut der jährlichen Neubildung eines Jahresringes wird von innen versorgt. Die Versorgungszone, die ersten Zentimeter des Holzes nach innen, werden Splint oder Splintholz genannt. Bei manchen Bäumen, wie der Lärche, Kiefer oder Eiche, ist der Unterschied zwischen Kern- und Splintholz deutlich sichtbar. Der Splint ist hell, beinahe weiß, während der Kern dunkelrot oder bei der Eiche braun leuchtet. Der Kern ist ganz auf jahrhundertelange Dauerhaftigkeit eingestellt. Die Eiche konserviert hier mit Gerbsäure, Nadelhölzer benutzen Harze. Alle haben ihr eigenes Rezept.

Wir winzig klein Geschrumpften, die wir jetzt am Übergang vom Splint zum Kern unserer Tanne angekommen sind, sehen keinen Farbunterschied. Bei Fichten und Tannen ist Kern- und Splintholz gleich gefärbt. Das Ende der emsigen Arbeit im Splintbereich sowie die anderen Stoffe, die hier gelagert liegen, geben uns jedoch das Gefühl, in eine andere Welt einzutauchen. Vom süß-lebendigen Produktionsraum sind wir hier in die stillen Stätten der Bewahrung gekommen. Ja, in den nun leisen Räumen verstehen wir sogar den Holzwurm. Dieser vermeidet, wo er nur kann, das Kernholz. Solange er es findet, frisst er eng seine Gänge viel lieber durch die süß schmeckende, für ihn und seine Brut viel nahrhaftere Splintzone.

Wir gehen weiter, immerzu durch das Kernholz in Richtung Mitte des Baumes. Dort ganz innen drinnen liegt die Mark- oder Kernröhre. Das ist der Mittelpunkt, der einst vom dünnen Zweiglein des Wipfeltriebes gebildet wurde. Es ist eine Bahn, einige Millimeter dick, gefüllt mit bräunlich weichem Holzstoff.

Wer vom gleißend hellen Sonnenlicht in einen dämmrigen Raum tritt, der sieht zuerst gar nichts. Erst wenn sich das Auge an das Restlicht gewöhnt hat, zeigt es auch im Schummrigen nach und nach mehr von der neuen Umgebung. Auch das Ohr benötigt nach großem Lärm eine Weile, bis es wieder feine Töne wahrnimmt. Ähnlich ist es uns mitten im Baum ergangen. Nach dem allgegenwärtigen Wirken in der äußeren Splintzone haben wir auf unserem Weg ins Innere erst eine Weile Zellschicht um Zellschicht des stillen Kernholzes durchwandern müssen, bis wir da und dort feine Bewegungen, Stoffumwandlungen, Anweisungen, Steuersignale von sich selbst verändernden Enzymen, das Ausreifen von Duftstoffen und Ölen wahrnehmen.

Viel langsamer geht es hier zu. Im Kern liegt das Geheimnis jahrhundertelangen Baumlebens. Beschauliche Beständigkeit in allen Vorgängen, kostbar eingelagerte Materialien – bakterien- und pilztötende Harze, Baumsäuren und Extrakte, Jahrmillionen bewährte Öle und Inhalte konservieren den Holzstoff aus Lignin und Cellulose. Sie tränken und erhalten die Zellkaskadenwelt hier drinnen. Das alles geschieht, während außen rundherum am runden Stamm das Wachstum die üppigen Lebenskräfte der Zellteilung in die ausgeklügelten Formen lenkt. Es geht nicht, in kurzen Augenblicken durch solche Welten zu huschen. Unsere Expedition von der Rinde bis zur mittigen Markröhre führt uns lange Zeit durch Räume, die wir bis jetzt nicht ahnen konnten.

Da fällt noch etwas auf: Obwohl wir hier tief abgeschlossen, weit weg von allen Welten wandern, unterliegt alle Arbeit, jede Veränderung einem unaufhörlichen Pulsieren. Nichts, gar nichts läuft in einer Linie ständig gleich. Nein, vielmehr gibt es ein ständiges Langsam, Schneller – Auf und Ab. Der Wasserstrom, die Dichte der transportierten Nährstoffe, die Geschwindigkeit der Zellteilung, ja selbst die Größe und Anzahl der Steuermoleküle, sie alle pulsieren in Rhythmen, die wir bald ergründen. Die Uhren, die das Leben im Bauminneren pendeln lassen, wirken von außen. Die Sonne mit Tag und Nacht, der Mond, der Herrscher über den Wasserstrom mit seinem Auf und Ab, die Jahreszeiten Winter und Sommer – sie binden das Wesen Baum ins Geschehen des Planeten Erde ein. Sonne und Mond sind die Dirigenten, die den Lebewesen ihre pulsierenden Kurven mit dem Taktstock zeigen. Wasser, ins gerade Gerinne gepfercht, hat weniger Energie und Reinigungskraft als der in Mäandern schwingende Fluss. Ein Gesetz sagt: „Jeder Lebensvorgang vollzieht sich stärker und gesünder, wenn er nicht eintönig, sondern in Schwingung pulsiert." Das ist der Grund dafür, dass Wasser niemals gerade fließt, wenn es die freie Wahl hat, sich im ebenen Gelände ein Flussbett zu suchen. Immerzu wird es schlängelnd seine Bahn wählen. In den Windungen erneuert es seine Spannung, es reinigt sich, bekommt die Kraft des Lebens.

Wir, die wir jetzt hier unsere Zeit lange im Baum verbringen, staunen, wie sich Tag und Nacht als erster Rhythmus abbilden. Ohne Sonnenlicht wird die Produktion von Sauerstoff in den Blättern und Nadeln abgestellt. Der Arbeit folgt die Ruhe. Hinzu kommt die Spannung zwischen Vollmond und Neumond. Die Steuermoleküle, Enzyme bauen sich ewig gleich wie der Mond am Himmel auf und ab. Unglaublich, sogar die ganze Zellstruktur pulsiert, sie wird dicker und dünner. Sommer und Winter füllen die inneren Lagerstätten so verschieden, als würde man vor der Lagerscheune eines Bauernhofes stehen. Die sieht nach dem langen Winter auch ganz anders aus als zum Erntedank im Oktober. Sobald Ende August der Saftstrom mehr und mehr zum Stillstand kommt, beginnen sich die Zellen, die die Blätter an die Zweige halten und alle Nahrung hin- und herlenken, zu verdichten. Sie schließen alle Durchflussventile und bald lösen sie sich auf. Das Blatt fällt nun vom Baum.

Im Holz selbst gibt es neben der Verwandlung von Zucker zu Stärke eine Fülle biochemischer Vorgänge. Es ist eine Wintervorbereitung, die an das fleißige Werken erinnert, wenn die Bauern ihre Felder abernten. Fuhre um Fuhre werden die geernteten Früchte in die Fabrik geliefert. Was jetzt nicht für das Aufbewahren vorbereitet und in lagerfähige Nahrungsmittel verwandelt wird, ist in wenigen Wochen verdorben. Zwischen Sommer und Winter, Vollmond und Neumond pulsiert das Leben, pulsieren die Inhaltsstoffe, pulsiert die Holzqualität, die natürliche Haltbarkeit des Holzes. Sogar das Bauwerk, selbst der ganze, mächtige Baumstamm pulsiert – wie wir bereits wissen – im geringen Maß von Millimeterbruchteilen mit. Die Ebbe und Flut seines Wassers in ihm, die lebt er mit. Für uns in unserer Kleinheit da drinnen werden das Schrumpfen bei abnehmendem Mond und das Anschwellen, sobald der Mond zunimmt, deutlich fühlbar.

Von der letzten großen Rhythmik der Bäume sehen wir Menschen nur einen kleinen Ausschnitt. Wir leben dafür einfach zu kurz, zu schnell auf dieser Welt. Selbst der größte aller Bäume entspringt aus dem scheinbaren Nichts eines winzigen Samenkorns. Hoch hinauf, bis über hundert Meter aufragend, wachsen die größten Lebewesen dieser Welt. Doch auch die mächtigste Körperentfaltung hat nur ein Ziel. Im stillen Puls haben sie sich aufgerichtet. Sie bewahren, vermehren den Humus, die Muttererde. Ihre Blätter, die Nadeln sind die Nahrung dieser Welt. Die erfolgreichste Wachstumsstrategie der fest Verwurzelten, ihre Größe, ihr langes Leben, all das dient dem einen Zweck. Redlich legen sie ihre Samen in die Muttererde. Ihre Lebensgrundlage wollen sie erhalten. Ihre Nachkommen sollen gedeihen, damit sie selbst nach getaner Arbeit voll Vertrauen ganz und gar dorthin zurückkehren. Mit Wurzel, Stamm und Kronenästen werden sie wieder Erde – Muttererde.

Aus der Humuserde kommen sie, zur Humuserde kehren sie restlos zurück.

Könnten wir einen ganzen Waldhang im Zeitrafferfilm sehen, der das Geschehen von mehreren tausend Jahren in wenigen Minuten zeigt, wir würden staunen. Die einzelnen Hochwaldgenerationen erheben sich und kehren wieder zur Erde zurück, als würden große grüne Wellenberge des Ozeans im Rhythmus des Baumlebens vor unseren Augen auf und nieder schwingen. Der Wald ist ein grüner Ozean, dessen Wellen sich im Jahrhunderttakt aufschaukeln und wieder niedersenken. Die Spannung, alle Erwartung und Zuversicht des jungen Lebens lässt die Baumgestalten zu einem grünen Wall aufschwingen. Die Erfüllung ihres Lebenszweckes legt sie mild und dankbar zurück zum Ursprung.

Rhythmik zeigt uns die Schwingung, aus der das Leben seine Kraft nährt. Es ist die Zauberquelle der Erneuerung, die hier im Inneren des Baumes sichtbar vor uns wirkt. Geht es uns nicht selbst genau gleich? Wir atmen im Rhythmus ein Leben lang. Unser Herz treibt das Blut keineswegs im eintönigen Strom. Erst im Pulsieren schafft es die große Arbeit. Wer nur mehr wacht und nicht mehr schläft, ist bald erschöpft. Auch die Seelenkräfte brauchen dieselbe Quelle. Sogar die Liebe zwischen Menschen vollzieht sich im unaufhörlichen Pulsieren, im Auf und Ab des täglichen Lebens. Ein Leben immerzu im Höhentaumel würde jede Spannung verlieren. Auch wir nähren uns von Spannung und Entspannung. Rühren wir hier an der geheimnisvollen Verbindung zwischen Mensch und Baum? Ist es ein Grund, dass sein verzweigtes Zellgewebe unseren Körper so sehr stärken und gesunden kann? Gesund sein und werden heißt nichts anderes, als das richtige innere Schwingen, das sich selbst erneuert, wiederzufinden. Bald werden wir sehen, wie uns Bäume und Holz wieder in die gesunde Schwingung zurückbringen können.

Wissenschaft und Forscher haben hier noch viel zu tun. Wir auf unserer Expedition, wir, die wir uns noch immer so winzig klein durchs Holz bewegen, haben jetzt noch eine praktische Frage zu lösen.

Einen Kubikzentimeter Holz nehmen wir uns vor. Das ist gerade so groß wie der Holzwürfel eines „Mensch ärgere Dich nicht"-Spieles. Wir beginnen nun, alle Zellwände, alle Oberflächen der inneren Röhren, Säulen und Mauern dieses Würfels auszumessen. Wie groß ist die Oberfläche der inneren Strukturen, die sich in nur einem Kubikzentimeter Holz verbergen? Das messen wir aus, damit wir ein Gefühl bekommen, wie fein verwoben dieses Material ist. Wir suchen also jene Fläche, die sich ergibt, wenn wir alle Zellwände ausbreiten, aus den Röhren kleine Streifen machen würden und so alle Innenwände flach auf dem Boden ausbreiten könnten. Gewissenhaft messen wir alle Flächen, Wände, Böden und Decken der Zauberwelt im Holzwürfel aus. Dann wird zusammengerechnet. Schon wieder ist es so weit. Die Natur breitet ein weiteres Wunder vor unseren Augen aus. Die innere

Oberfläche der Zellwand und Kapillarröhrchenstruktur von nur einem kleinen Kubikzentimeter Fichtenholz ist so groß wie ein ganzes Fußballfeld, also zirka 7000 Quadratmeter. Ein Fußballfeld hauchdünner Zellwände, Röhrenhüllen, wer kann bloß das alles in den Raum eines Kubikzentimeters Holz hineinpacken? Beim Bekleidungsstoff spüren wir es am eigenen Körper. Je feiner verwoben ein Stoff ist, desto angenehmer zu tragen, desto wertvoller wird er. Die Seide verdankt ihre wohltuende Wirkung auf unsere Haut der Kunst der Seidenspinner. Dieses Tier vermag eine Feinheit des Gewebes hervorzubringen, die der Menschenhand so noch nicht gelungen ist. Holz ist die Seide unter den Baumaterialien und Werkstoffen. Nichts ist vernetzter, kein menschliches Produkt ist verwobener gebaut.

In einem Kubikmeter, dem Holzwürfel mit 1 x 1 Meter, sind eine Million Kubikzentimeter enthalten. Eine Million Fußballfelder beträgt die innere Oberfläche von nur einem Kubikmeter Holz. Ein Einfamilienhaus, ganz massiv aus Holz gebaut, beinhaltet in den Wänden, Decken und dem Dach ungefähr 100 Kubikmeter des herrlichen Materials. 100 Kubikmeter Holz haben eine innere Zelloberfläche von etwa 700.000 Quadratkilometern. Ganz Deutschland erstreckt sich im Vergleich dazu gerundet über nur 357.000 Quadratkilometer.

Dieses Haus verhüllt seine Bewohner mit einer Zellwandfläche, die doppelt so groß ist wie ganz Deutschland. Die unvorstellbar feine Verwobenheit des Holzes gestattet uns neue Nutzungsmöglichkeiten, von denen wir bis jetzt oft nicht zu träumen wagten. Trotzdem oder sogar gerade wegen dieses besonderen inneren Aufbaues bleibt Holz ein sehr hartes, widerstandsfähiges Material. Die Härte des Holzes konnte ich persönlich an einer – zumindest im Rückblick – lustigen Geschichte erleben.

Es ist ein Erlebnis, an das ich mich erinnern musste, als ich zum ersten Mal vom ganzen Fußballfeld hörte, das in nur einem Kubikzentimeter Holz verborgen ist.

Hunde haben mich stets durch mein Leben begleitet. Die Terrierhündin „Kitti" war der temperamentvollste von allen. Sie liebte jede Form von Bewegung und Abwechslung. Bei einem Sonntagsausflug mit der Familie trippelt die Hundedame neben mir und wartet darauf, dass etwas geschieht, sich irgendwo etwas Interessantes regt. Also gut, ich kenne ihren Blick und bücke mich, einen abgebrochenen Astknüppel aufzuheben, etwa 4 Zentimeter dick und 60 bis 70 Zentimeter lang. Er soll nicht zu leicht sein, damit sie etwas zu schleppen hat. Wie alle Hunde kennt Kitti die Gesten ihres Herrn ganz genau: „Hurra, er wirft mir einen Knüppel!" Begeistert heult sie auf. Zuerst halte ich sie zum Narren und hebe das Wurfholz rasch vor ihr in die Höhe. Sie fletscht die Zähne und springt einen halben Meter hoch, stellt sich auf die Hinterbeine, versucht mit ihren Vorderpfoten das Spielzeug zu greifen. Alle lachen über ihre Zirkusnummern. Man traut es dem kleinen Hund nicht zu, wie hoch er aus dem Stand springen kann. Bei der Landung überpurzelt Kitti oft rückwärts, landet in allen Lagen und wird dabei immer noch wilder, endlich ins Holz beißen zu können.

Na gut, ich will sie nicht zu sehr auf die Folter spannen und schleudere das Holz, so weit ich kann, über die Wiese. Erneut heult sie vor Begeisterung. Jauuu, und aus dem Hündchen wird ein schwarzer Strich, der sich beim gelandeten Knüppel selbst überschlägt, weil bei ihr das Hineinbeißen vor dem Abbremsen kommt. Aber das berührt sie nicht. Sofort schleppt sie die Beute zu mir. „Bitte, wirf es gleich wieder!" So geht das mehrere Male, bis mir eine Abwechslung einfällt. Ich täusche einen Wurf vor, Kitti saust los, aber ich halte das Holz fest in der Hand. Verdutzt stellt sie fest, es landet kein Holz vor ihr, während sie in die vermeintliche Wurfrichtung rennt. Das gelingt zu unserer Belustigung einige Male. Dann hat sie mich durchschaut. Jetzt rennt sie erst dann los, wenn sie meine leere Hand sieht. Hurra, jetzt ist der Knüppel unterwegs auf seiner Flugbahn. Damit gebe ich mich aber noch nicht zufrieden. Ich will Kitti noch einmal überlisten.

Entschlossen nehme ich das Holz, hole aus, so weit ich kann, und schleudere es mit ganzer Kraft senkrecht nach oben. Tatsächlich hat die Hündin genau beobachtet, dass ich das Spielzeug auch wirklich aus der Hand ließ. Wieder rennt sie stürmisch in die erwartete Richtung. Es hat geklappt. Alle schauen dem Spaß zu und lachen. Ich selbst beobachte den Hund, sein Wegrennen voller Ambition.

Da höre ich es nur mehr krachen.

Damit habe ich nicht gerechnet. Wirklich königskerzengerade in die Höhe hatte ich den Prügel geschleudert. So fest ich nur konnte. So hoch hinauf, wie es nur ging. Jetzt ist er zurückgekommen! Genau gleich senkrecht hinunter, direkt auf meinen Schädel, während ich über den gelungenen Schabernack lache. Das Krachen dringt unerbittlich durch den Kopf und Hals in meinen Körper. Vor den Augen sehe ich gleißende Sterne spritzen, dann Dunkelheit. Irgendwie kann ich mich aber auf den Beinen halten. Der Schmerz verbreitet sich über die ganze Schädeldecke. Wankend öffne ich die Augen. Vor mir sitzt Kitti mit erstauntem Blick. Den Kopf hält sie schief und sie beginnt zu winseln. Hat sie Mitleid mit meinem Schmerz oder bedauert sie mich gar wegen der Schnapsidee? In wenigen Minuten wächst eine riesige Beule. Die Haare heben sich an der Stelle zum bewachsenen Hügel beängstigend empor. Nachdem meine Begleiter erkennen, dass das Schauspiel noch einmal gut ausgegangen ist, gibt es ein Lachen auf der Almwiese, dass die Bäuche wehtun. Der benommene Prügelwerfer mit der Beule auf dem Kopf und davor das ungläubig winselnde Hündchen: Wer hat da wen überlistet?

Heute weiß ich noch etwas: Ein Stock, 4 Zentimeter dick und 60 Zentimeter lang, beinhaltet 754 Kubikzentimeter Holz. Das heißt, mir haben Flächen im Ausmaß von 754 Fußballfeldern auf das Haupt gedroschen. Mit einem spezial gedämpften Spechthirn hätte ich den Schlag vielleicht ohne Schmerzen überstanden. Das war leider nicht der Fall. Aber immerhin, den Schlag mit 754 Fußballfeldern habe ich bis heute nicht vergessen.

Der Knüppelschlag hat mir die Härte des Holzes für alle Zeit eingeprägt. Doch es ist nicht nur steif und hart. Gleichzeitig ist es elastisch, schirmt von uns Menschen Wärme, Kälte und hochfrequente Strahlen ab. Massiv verarbeitet, kann es feuerbeständiger als Beton sein, hält Säure aus, wird winddicht verbaut und atmet doch in allen Teilen. Die Technik allein beschreibt die Wunderwelten, durch die uns unsere Expedition geführt hat, noch lange nicht. Im Musikinstrument lässt es die wunderbarsten Klänge schwingen, das Holz ist auch jenes Material, das neuerdings auch Mediziner brennend interessiert. Plötzlich erkennen wir, wie es uns Menschen gesund werden lässt. Ruhe und Lebenskraft, die messbar ist, empfangen alle, die umgeben von Holz arbeiten, schlafen und wohnen.

Seit wir gemeinsam diese erste Expedition in das Holz erlebten, wissen wir es: Von Menschenhand kann so ein wunderbares Material nicht mehr verbessert werden.

In vergangenen Jahrhunderten, als Amerika und Asien durch die Europäer noch unentdeckt waren, haben Mutige ihre Schiffe gerüstet. Sie sind hinausgesegelt auf das offene Meer, begleitet von Ängsten, am Ende der Scheibe ins Unheil zu fallen. Viele sind bei den Entdeckungsreisen umgekommen. Doch manche sind erfolgreich heimgekehrt, schwer beladen mit Gold und Schätzen aus der Neuen Welt. Heute können wir wieder lohnende Forschungsreisen beginnen. Wir haben es viel leichter. Niemand muss mehr sein Leben riskieren. Trotzdem ist die Forschungsreise tief hinein in das Innere der Bäume hin zur feinen Zellstruktur eines der größten Abenteuer unserer Zeit. Unser Lohn wird noch wertvoller sein als das Gold, das die Eroberer Amerikas heimbrachten. In den Bäumen liegt die Lösung für die brennendsten Fragen der Menschheit verborgen. Es ist nicht wahr, dass wir im reichen Norden die ärmeren Länder der südlichen Halbkugel ausplündern müssen, um unseren hohen Lebensstandard zu erhalten. Es stimmt einfach nicht, dass Wirtschaft und Industrie zwangsläufig die Umwelt belasten und die Lebensgrundlagen unserer Kinder zerstören müssen. Der Wald mit seinem ewigen Stoffkreislauf, in dem es keinen Abfall gibt, lehrt uns, sich vor Ort bestens zu versorgen. Seine Energiekonzepte zeigen uns unerschöpfliche Fülle anstatt Mangelsituation und Risiko, in die unsere Erdöl- und Atomenergiewirtschaft hineinführen.

Neue Wohnhäuser, die im Wald gewachsen und energieautark betrieben werden, das ist nur ein Lohn, den wir auf diesem Weg erhalten.

Diejenigen, die ihre Forschungsreise in die Welt der Bäume antreten, die sich hineinfühlen in ihre Schwingung, ihren Klang, bekommen mehr geschenkt als alles Gold, mit dem die Entdecker früherer Jahrhunderte heimkehrten. Gesundheit und ein längeres Leben für die Menschen schöpfen jetzt schon die ersten Medizinforscher aus dem Holz der Bäume. Alles Urvertrauen, die Dankbarkeit und das Lebensglück können wir uns jederzeit im Wald abholen.

Beginnen wir das nächste Kapitel dieses Buches mit einer ganz einfachen, aber höchst praktischen Information, die uns ein Baum Tag für Tag geben kann.

Die Wetterfichte

Wenn ich erzähle, dass mir Bäume zuwinken, ja mit den Ästen gestikulieren, besser als wir Menschen es mit den Armen könnten; wenn ich ganz im Ernst behaupte, ich habe einen Freund, einen Baum, der ist zwar schon abgestorben, aber er winkt mit seinen Ästen, bei völliger Windstille wohlgemerkt, einen Meter auf und ab – er teilt mir dadurch mit, wie morgen das Wetter wird –, da werden die meisten Menschen an meinem Verstand zweifeln.

Ich mache es kurz. Ja, an meinem Haus steht eine Fichte, die sich mit mir unterhält und ihre Äste wie Arme schwingt. Allerdings wurde sie heuer im Mai von einem Spätfrost arg heimgesucht. Sie hat vorher schon sehr gelitten. Das Weidevieh ist immer in ihrem Schatten gestanden. Dabei sind ihre flachen Wurzeln beschädigt worden. Der Boden, an dieser Stelle ohnedies nass und sumpfig, wurde derart verdichtet, dass die Krone des Baumes von Jahr zu Jahr lichter, die Nadeln kränkelnd gelber wurden. Diese Not hat vielleicht auch dazu beigetragen. In diesem Mai hat sie früher als andere Bäume zart und verletzbar ihre Knospen geöffnet. Nur einige Tage zu früh, denn es kam ein Kaltwettereinbruch mit Schnee auf den Bergen, weit unter 1500 Meter Seehöhe herunter. Im Tal regnete es. Dann, am Abend des zweiten Regentages, kündigte sich das Unheil an. Der Himmel wurde hell und heller. Die Wolkendecke riss auf, der Berggipfel des Bärenkopfes zeigte nur mehr eine kleine Wolkenhaube. Das war das untrügliche Zeichen für eine klare Nacht. Die kalte Nordluft noch im Tal, der weiße Schnee, der weit bis in die Wälder herunter ein letztes Mal vom gerade gegangenen Winter erzählt, und jetzt auch noch das Aufreißen der schützenden Wolkenschicht.

Am nächsten Morgen, schon spät im Mai, viel zu spät für all die geöffneten Triebe und aufgeblühten Knospen, war das ganze Tal im strengen Frost erstarrt. Einige Grade im Minus malten mit ihrer Unerbittlichkeit den Reif, die tödlichen Eiskristalle auf die erwachten Frühlingsboten. Die Obsternte in diesem Jahr war verloren, manche Buche und Esche, die ebenfalls schon erste zartgrüne Blätter auf ihre Äste gezaubert hatten, zeugten mit braun verbranntem Kleid von der Vernichtungskraft des gefrierenden Frostes. Die Vitalen, Starken, Gesunden und Jungen unter ihnen konnten ihr Blätterkleid zum großen Teil im zweiten Anlauf reparieren. Hinter den braun gefrorenen Spitzen wuchs neues Grün nach. Für die Fichte auf der Wiese vor meinem Haus brachte jene Frostnacht das Ende herbei. Sie war bereits geschwächt. Die Erfrierung der jungen Triebe vernichtete ihre letzte Hoffnung. Es dauerte nur noch zwei, drei Wochen, bis die restlichen Nadeln vertrockneten und vom Baum fielen. Die Rinde blieb noch am Stamm haften. Aber das Leben, der Saftstrom, die Fotosynthese waren vorbei. Gespenstisch hingen noch die Zapfen in der Krone. Wer in der Pflanzenwelt spürt, dass sein Ende naht, der ist ja mit seinen letzten Kräften besonders auf Samenbildung, auf Nachkommenschaft bedacht.

Normalerweise werden abgestorbene Bäume rasch entfernt. In diesem Fall aber hatte die Wiese rundherum saftiges Gras ausgetrieben. Niemand wollte mit dem Traktor hier hineinfahren und die Weide niederdrücken. Soll sie eben stehen bleiben, bis im Herbst das Feld gemäht ist. Borkenkäfer waren in dem vertrockneten Stamm auch nicht drinnen. So drohte auch keine Gefahr.

Steht der Nadelbaum erst einmal nackt, allen Grüns entledigt, werden all seine Gliedmaßen, die Äste vom dicken Stammansatz bis zum fein herunterhängenden Ästlein gegen den Himmel scharf sichtbar. Aus meiner Försterzeit kannte ich den Brauch der Holzknechte, einen langen Ast von einer eingetrockneten Fichte so mit seinem Ansatz an die Hüttenwand zu nageln, dass er sich frei auf und nieder bewegen konnte. Verlässlich wie am

Zeiger des Barometers konnte man hier Hoch- und Tiefdruck, herannahende Schlechtwetterfronten ablesen. Stunden, bevor sich Wetterumschwünge am Himmel zeigten, wanderten unsere Astbarometer nach unten. Was tat nun die dürre Fichte am Wiesenzaun vor meinem Haus? Es war August. Nach einem verregneten Juli hatte sich der Hochsommer auch im Bergtal durchgesetzt. Zwei Wochen lang gab es Temperaturen um die 30 Grad und nur ein einziges Mal zwischendurch einen unergiebigen Regen. Sonst herrschte unübliche Trockenheit und stabiles Hochdruckwetter in den Nordalpen. Zuerst, am Beginn der Hitze, schwärmten die Bauern ameisengleich auf ihre Wiesen. Die Heuernte war überfällig, das Gras schon lang. Endlich konnte gemäht, gekreiselt und gewendet werden. Ohne Gefahr und ohne Angst vor aufziehenden Gewitterwolken dörrte auf den Feldern herrlich duftendes Heu. Wintervorrat für das Vieh, der endlich und immer noch bei sengender Hitze zu langen Reihen geschwadet wurde, damit die Maschine es aufgreifen und staubtrocken in die Scheune bringen kann. Wie oft sind ganze Höfe abgebrannt, nur weil das Heu noch halbfeucht vor einem drohenden Gewitter eingebracht wurde. Solche Heustöcke beginnen dann zu gären und Selbstentzündung kann das Unheil unaufhaltsam auslösen. Kein Wunder also, dass solche stabile Schönwetterphasen im Sommer für die Bauern das größte Geschenk darstellen. Kein Wunder, dass das Wetter zu dieser Zeit Gesprächsthema Nummer eins ist. „Schau, der Nachbar mäht schon. Sollen wir es auch wagen, oder könnte es morgen dreinregnen?" Zwei, drei sichere Tage ohne Regen, ohne Gewitter oder Wetterumschwung, das wünschen sich alle hier im niederschlagreichen Norden der Alpen.

Nun, in diesem August kamen beinahe zwei Wochen des Segens an einem Stück daher. Nach der ersten Woche war alle hektisch begonnene Feldarbeit getan. Auch die letzte Wegböschung und Feldränder waren geheut worden, wie es hier heißt. In der zweiten Woche wurde es noch heißer. Südföhn wehte über die

Alpen und trieb die Temperaturen hoch hinauf. Berg, Höfe und auch der Wald standen lautlos in der Hitze. Lediglich am kleinen See herrschte Betrieb, gab es Gelächter und Gedränge. Ruhezeit, Zeit der Muße, Tage des Loslassens. Der heiße Wind aus dem Süden bringt nicht nur die Temperatur. Selbst die Ruhe der Mittagsstunden, die dort im sonnigen Italien herrscht, wird für wenige Tage über die hohen Berge geblasen. Auch ich bin nach den Tagen der Heuernte über Mittag im Haus geblieben. Die ungewohnte Arbeit lässt einen Muskeln spüren, die sich im Büroalltag sonst niemals melden. Eine Runde zum eingelagerten, würzig duftenden Heu gehen. Das gemeinsame Getränk auf der Terrasse, alle genießen die Fülle der Sommerzeit. Ein Innehalten menschlicher Betriebsamkeit vom Wetter gegeben, wie es sonst vielleicht nur winterliche Schneestürme vermögen. Diese Hitze, die über dem Stoppelfeld flirrende Luft, die sogar die Konturen der dahinterliegenden wettergrauen Zaunpfähle verschwimmen lässt. Sie scheint die Zeit anzuhalten, diesen Augenblick niemals enden lassen zu wollen.

Da, schau nur, mitten in der Lautlosigkeit, was tut die dürre Fichte am Zaun dort? Plötzlich, innerhalb von ein, zwei oder drei Stunden hat sie ihre Äste, die weit ausladenden Hände mit den Fingern, die am Ende sogar nach oben gebogen sind, nach unten gedreht. Die dürren, scheinbar leblosen Äste biegen sich unvermittelt in die Gegenrichtung. Nach unten, ja nach innen zum Stamm biegen sich neuerdings die Spitzen. So arg, so dramatisch! Alle Zapfen und die feinen Lamettaäste, die sonst der Schwerkraft folgend lotrecht hängen, werden mit dem ganzen tragenden Ast nach innen gebogen. Schräg, beinahe waagrecht zeigen sie mit ihren Spitzen zum Stamm anstatt, wie gewohnt, zum Boden hinunter. Was macht der Baum bloß? Zapfen, die sonst in der Krone hängen, sind künstlich gedreht. Alles Ausladende, nach oben Strebende, Breite und Offene krümmt sich angstvoll zum Stamm, dem Tragenden, Schützenden. All die Tage der Gluthitze ist die Fichte regungslos gestanden. Erwartungsgemäß dem ausgehauchten Leben entsprechend, ist der Dürrling in seiner letzten Körperform zum Gedenken an das letzte Frühjahr erstarrt. Und nun, am elften, zwölften oder ist es schon der dreizehnte Tag der ungebrochenen Sonnenherrschaft, zur Mittagszeit, kurz nach dem Zenit, im reglosesten, heißesten Moment des Tages, verkrümmt er seine Zweige bis zur Unkenntlichkeit der alten Gestalt. Sogar den Wipfeltrieb, die kahl entnadelte Spitze, neigt er tief zur Seite, so weit er kann, in Richtung Boden.

Wer am gleißenden Sommertag jemals so eine unvermutete Bewegung der sonst an allem Geschehen unbeteiligten Dürrlingsfigur erlebt, die ganze Unheimlichkeit der augenblicklichen Zusammenkrümmung einer tot geglaubten Gestalt vor dem eigenen Angesicht verfolgt hat, der fragt sich, was hier vor sich geht. Wer kann da nicht verstehen, dass unsere Vorfahren fernab von Medien und allgemeinen Informationsquellen manche heute sonderbar klingende Erklärung abgaben. Mystische Naturgeschichten wurden von den Alten erzählt. Von schwitzenden Steinen und eben sich krümmenden Bäumen als Boten drohenden Unheils war da die Rede – Aberglauben? Was können wir aus der Gestik dieser Astbewegung lesen? Wovon erzählt die Bewegung des vom Lebenssaft Abgeschnittenen? Seine Botschaft soll sich rasch bewahrheiten.

Es ist bald vorbei mit dem Wind aus Italien. Die Augusthitze wird in Kürze brechen, einer kühl heranwalzenden Nordluft weichen. Der dürre Ast, der sich nach unten krümmt, hat immer schon das nasse, das kalte Wetter angekündigt.

Tatsächlich, unglaublich, wir, die erstaunt und beeindruckt die Gestik des Baumes verfolgt haben, sehen kurze Stunden nach der Ankündigung unserer Fichte schwarze Wolken im Westen, im oberen Salzachtal und auch schon über dem Hochkönig im Norden aufziehen. Jetzt laufe ich, um den Fotoapparat zu holen. So verkrümmt, so weit nach innen gebogen haben wir die Fichte noch nie gesehen. Was kommt da bloß? Am Abend zucken die Blitze von allen Seiten. Ungewöhnlich heftige Gewitterorkane

treiben peitschende, graue Mauern von Wassergüssen über Berg und Tal. In dieser Nacht werden in Goldegg etliche große Bäume entwurzelt, armdicke Äste von Stämmen gerissen und herumgewirbelt. Am Morgen wälzt sich die Salzach noch kaffeebraun durch das Flussbett.

Wer kann es unserer Fichte vorhalten, dass sie die heranbrausenden Stürme lange vor uns Menschen wahrnimmt, ihre Äste einzieht, so weit sie nur kann? Jede Angriffsfläche macht sie verletzbar, gefährdet sie. Am Himmel ist am Morgen vom nächtlichen Gewittersturm nicht mehr viel zu sehen. Einzelne Restwolken ziehen weg. Die Luft ist kühler, klarer, die Berge scheinen zum Greifen nahe zu sein. Keine Gefahr droht mehr. Was tut die dürre Fichte nun, nur zwölf Stunden, nachdem sie zusammengekauert die Sturmgewalt erwartet hat?

Im rechten Winkel, gerade hinaus, wie eh und je, spreizt sie ihre ausladenden Äste weit vom Stamm. Die Enden, die Spitzen ganz draußen sind wieder nach oben himmelwärts hinaufgekrümmt. Die äußersten Federn der Adlerschwinge in hohen Lüften, die tun es gleich. Sie spreizen sich und krümmen sich vom langen, brettgerade gleitenden Flügel noch einmal ins Blau des Himmels hinauf.

Innerhalb von nur zwölf Stunden haben diese Astspitzen der Fichte sich um ein, zwei Meter zuerst nach unten stammwärts und dann wieder zurück nach oben gebogen. Sie haben die Silhouette des Baumes dabei verändert, sodass die beiden Bilder nebeneinandergelegt im ersten Betrachten den Anschein erwecken, als wären es zwei verschiedene Bäume. Erst der genaue Blick auf die Astansätze am Stamm beweist, dass es sich um denselben Baum handelt, mit den dürren Ästen und den Zapfen, die vor dem Sturm nicht normal senkrecht nach unten hängen, sondern durch den verbogenen Arm liegend nach innen zum Stamm zeigen. Ihre Zeichen, ihre Gestik, alle Sinneseindrücke und Botschaften, die wir bewusst und unbewusst von den Bäumen, den größten Lebewesen, die uns umgeben, aufnehmen – sie können uns so viel sagen.

Eine unbedeutend erscheinende, dürre Fichte steht am Wiesenrand. Für jene, die es sehen wollen und können, wird sie zum riesengroßen Wetterbarometer. Weithin sichtbar und fein fühlend. Wie unendlich viel liegt da noch verborgen für all jene, die mehr und mehr von dieser geheimnisvollen Sprache der Bäume verstehen lernen.

Lassen wir uns im nächsten Kapitel vom Sprechen der Bäume untereinander und auch zu anderen Lebewesen anhand neuer wissenschaftlicher Erkenntnisse berichten. Vielleicht lernen Sie dabei Ihre schönste neue Fremdsprache?

Die Sprache der Bäume

Als Bub habe ich einen Platz entdeckt, der auf mich eine besondere Wirkung ausübte. Es waren drei große Birken, die am Berghang auf einer kleinen Freifläche inmitten des Fichtenwaldes wuchsen. An ihrem Stamm sitzend, konnte man über das Salzachtal blicken. Das Dach des Elternhauses war nur mehr ein kleines Viereck und die Glocknerstraße wurde aus dieser Sicht zum Band, auf dem winzige Autos langsam fortkrochen. Oft zog es mich dorthin. Zum ersten Mal erlebte ich hier die Möglichkeit, auf die eigene Welt gewissermaßen von oben zu schauen. Nicht mehr als Kind mittendrin zu sein, von unten auf die Erwachsenen hinaufzusehen, sondern das Getriebe unbeteiligt zu überblicken. Ich spürte, so ein Blickwinkel beruhigt, stärkt und verhilft zu einer wohltuenden Gelassenheit.

Und noch etwas Sonderbares habe ich an diesem Lieblingsort gespürt. Sobald ich meinen Sitzplatz veränderte, den Stammanlauf der Birke verließ und mich einige Meter weiter unter der ersten Fichte niederließ, war das Gefühl ein ganz anderes. Die braune, borkige Rinde, der Harzgeruch, Nadelstreu auf dem Boden – die Fichte war erdiger, holte mich immer unmittelbar in ihre Waldesgegenwart zurück. Die Leichtigkeit zum Träumen, das Heraussteigen aus dem Alltag, das ging nirgendwo besser als unter meinen Birken.

Fantasien eines kleinen Buben?

Es ist seltsam, heute, viele Jahrzehnte später habe ich manches aus meiner Kindheit vergessen. Aber das Gefühl unter den Birken und den Unterschied unmittelbar danach unter den Fichten spüre ich heute noch so deutlich, als hätte ich es eben erst neu wahrgenommen.

Zweifellos können Bäume unsere Gefühle beeinflussen. Wir alle wissen, wie sehr sie unser Herz berühren können. Ist das aber alles, oder können wir tatsächlich noch viel mehr an Information und Energie von diesen größten Pflanzenwesen der Erde bekommen? Können sich Bäume mitteilen? Untereinander oder gar mit anderen Lebewesen?

Bäume sprechen, sie kommunizieren untereinander und mit uns Menschen. Kommunizieren, darunter versteht man im Allgemeinen Senden und Empfangen von Mitteilungen. Wenn ich Ihnen mit dem Hammer auf den Finger haue und Sie diesen voll Schmerz zurückziehen, ist das eine Aktion und Reaktion, aber noch kein Gespräch.

Ein Gespräch, lebendige Kommunikation, braucht noch mehr als nur das Hin- und Herschicken von Impulsen. Es bedarf eines gemeinsamen Codes, einer Sprache oder Signale, die als Symbol eine Bedeutung haben, deren Inhalt beiden, Sender und Empfänger, bekannt ist.

Wenn ich zu jemandem das Wort „Haus" sage, kommt diese Botschaft beim Empfänger nur dann an, wenn er weiß, das Wort Haus bezeichnet ein Haus und nicht einen Apfel oder sonst etwas. Diese allgemeinen Bedeutungen, die die Wörter oder Sprachsymbole erlangen, können aber nur dann allgemein bekannt sein, wenn von allen in einer sozialen Gemeinschaft die Sprache laufend benützt wird. Die Jungen lernen dann reden, weil sie die Gespräche der Alten hören.

Wenn ich behaupte, dass Bäume sprechen, setzt das also voraus, dass es laufende Gespräche der Bäume gibt. Mit anderen Bäumen und auch mit anderen Lebewesen, zu denen auch der Mensch gehören kann, wenn er beginnt, die Bedeutung zu verstehen, die von Bäumen ausgesendete Sprachsymbole haben.

In der modernen Biologie hat es zu diesem Thema im letzten Jahrzehnt ganz neue Erkenntnisse gegeben. Ohne untereinander zu reden und ohne sich anderen Lebewesen mitteilen zu können, gäbe es keine Bäume, kein Wachstum.

Das beginnt beim Wurzelwerk. Die Baumwurzel ist neben der im Erdreich Halt gebenden Verankerung der hölzernen Riesen sein Ernährungsorgan. Es bildet gewissermaßen den Darm des Baumes. Im Darm nehmen wir Menschen Lebensstoffe aus der Nahrung, die vorher im Magen aufbereitet wurde, in das Blut auf. Der Baum macht mit der Wurzel das Gleiche. Allerdings ist unser Ernährungssystem, der Magen und Darm nach innen gedreht und die Baumwurzel sozusagen nach außen gestülpt. Sie nimmt die Nährstoffe an ihrer Außenhülle auf.
Und jetzt wird es ganz spannend.
Die Baumwurzel allein kann überhaupt keine Nahrung aufnehmen. Im allerbesten Humus würde jeder Baum verhungern, wenn er nicht seine Helfer hätte. Das sind zuerst Pilze. Jede einzelne Wurzelspitze hält sich einen „Pilzfreund". Dieser Pilz dringt in feinste Hohlräume voraus, schafft dort ein schleimiges Milieu, in dem die Baumnährstoffe aus dem Humus herausgelöst werden. Die Wurzel gleitet sodann in diese vorbereitete Schleimhöhle fein hinein. Bäume kooperieren im Erdreich also zwingend und immer mit Pilzen. Dem Pilz geht es nun aber gleich wie dem Baum. Er allein würde es nicht schaffen, dort unten aus eigener Kraft die Arbeit zu tun. Also verbrüdert auch er sich. Pro Kubikzentimeter Erdreich, das ist zirka ein Teelöffel voll, leben ungefähr eine Million Bakterien – und zehn Mal so viele Viren. Diese Organismen arbeiten mit dem Pilz zusammen. Erst in dieser Kooperation können die Nährstoffe aus dem Humus gelöst werden. Bakterien und Pilze servieren die Baumnahrung essbar zur Wurzel. Millionen Lebewesen in jedem Teelöffel Erde arbeiten mit dem gleichen Ziel.
Die Frage ist nur, wer koordiniert diese Baustelle?
Die Lieferaufträge an Pilze und Bakterien ändern sich ständig.
Das Wachstum und die Nährstoffversorgung laufen ganz und gar nicht gleichmäßig ab. Wird ein Baum verletzt, dann be-

nötigt er zu seiner Wundheilung ganz andere Stoffe wie zum normalen Austreiben im Frühling. Biologen können zeigen, dass sich die Zusammensetzung der von den Wurzeln geschickten Nährstoffe ganz schnell an geänderte Situationen anpassen. Zum Beispiel bei der erwähnten Verletzung oder wenn daneben ein großer Baum gefällt wird und auf einmal mehr Licht vorhanden ist. Oder wenn im Fall einer Hangbewegung plötzlich im Stamm abstützende Holzsubstanz gebildet werden muss und so weiter. Jede Lebenslage des Baumes verlangt andere Nähr- und Baustoffe.

Diese Stoffe werden von der Wurzel aber nur aufgesaugt und weitergeleitet. Erzeugt und bereitgestellt werden sie ja von den baumfremden Lebewesen, dem Pilz mit seinen helfenden Bakterien. Woher wissen die, dass sie plötzlich ihre Produktion umstellen müssen, nur weil dort oben Borkenkäfer versuchen, den Baum zu überfallen und dieser jetzt plötzlich Abwehrstoffe und jede Menge Harz benötigt? Der Baum informiert die helfenden Bodenlebewesen andauernd über seine Bedürfnisse. Wenn Sie also morgens zu Ihrem Geliebten sagen: „Guten Morgen, heute bin ich so gut drauf, dass ich nicht den gewohnten Tee, sondern mit Dir eine Tasse Kaffee trinken möchte" und der Geliebte erfreut die Kaffeemaschine in Gang setzt, dann ist dieses Gespräch eine Mitteilung, die durchaus auch zwischen dem Baum und seinen Bodenlebewesen stattfindet. Sie haben Ihr Bedürfnis nach Kaffee mitgeteilt. Der Empfänger kommt darauf Ihrem Wunsch nach und bereitet Kaffee. Inzwischen wurde sogar erforscht, dass bei der Steuerung der Bodenlebewesen auch soziale Aspekte berücksichtigt werden.

Wenn unter einem Baum die Naturverjüngung, also die aus dem eigenen Samen gekeimte Jugend fröhlich nachwächst, wird die Ausbeutung der Nährstoffe auf ein nachhaltiges Maß zurückgenommen, sodass auch für die Jugend der Tisch gedeckt bleibt. Wenn allerdings später der Wettbewerb der Jugend losgeht und klar geworden ist, dass hier zu viele stehen und eine Auslese stattfindet, dann hört diese Rücksicht bei der Wurzelkonkurrenz rasch auf. Jetzt heißt es plötzlich: „Wir sind im Wettkampf, Nährstoffe her, so viel, wie es nur möglich ist!" Im Wettbewerb einer Baumdickung gewinnt derjenige, der schneller dem Licht entgegenwächst und dort oben im Freiraum zuerst seine Krone ausbreitet. Die Langsamen bleiben im Schatten und haben das Nachsehen. In einer Fichtendickung können durchaus einige tausend Bäume je Hektar an diesem Wettkampf teilnehmen. Bis zur Altholzphase, in der dann mächtige Stämme aufragen und oben ihre Kronen zu einem einzigen Dach schließen, bleiben meist nur 200 bis 400 Bäume übrig. In dieser Lebensstufe bereiten die großen Bäume ihren Abschied vom irdischen Dasein vor und legen ihre Samen in den Boden. Die Naturverjüngung wächst an, junge Bäumchen, noch im Schatten der Eltern, spitzen verheißungsvoll nach oben. Dass nun in dieser Zeit die Alten beginnen, die Bodennährstoffe für sich und die Kinder aufzuteilen, ist ein für Pflanzen bisher nicht vorstellbares Sozialverhalten. Tatsächlich geben die Eltern an ihre kooperierenden Bodenlebewesen jetzt den Befehl aus: „Achtung, wir dürfen den Kindern nicht alles wegessen. Nahrungsaufnahme bremsen und auf Nachhaltigkeit achten!"

Bäume sind sozial handelnde Wesen! Bei aller Liebe und Sympathie – hätten Sie, liebe Leser, einem Baum Fürsorge für seinen Nachwuchs und die Wiedergabe entsprechender Information an die Bodenlebewesen zugetraut?

In diesem Spiel dürfen die Pilze und Bakterien übrigens nicht als willenlose Vollzugsmaschinen gesehen werden. Vielmehr dürfte ein weiteres Gespräch der Bäume mit den Bakterien so aussehen: „Ihr lieben Freunde, jetzt beginnt das Frühjahr und ich will meine Krone mit einem Blätterdach bedecken. Wacht auf, Wachstum ist angesagt, bringt herauf, was ihr findet. Im Herbst werde ich euch dann den reichen Lohn zurückgeben. Alle Blätter, die wir jetzt gemeinsam wachsen lassen, lege ich später, im September und Oktober, auf euren Boden zurück. Dort werden sie Humus.

Eure Nahrung für lange Zeit und für viele eurer Nachkommen ist so gesichert!"

Was für eine Motivation, eine Kooperation zu schließen. Es ist eine Partnerschaft auf Augenhöhe, in der keiner ausgenutzt wird. Bäume nehmen und geben im Gleichgewicht. Und sie reden darüber, organisieren es mit ihren Partnern.

Bis jetzt haben wir gesehen, Bäume kommunizieren mit ihren helfenden Bodenorganismen. Sie bestellen die Ernährungspakete, genau auf ihre jeweiligen Bedürfnisse, auf den täglichen Speiseplan abgestimmt. So viel Mehl, so viel Butter, so viele Eier, so viel Gemüse und so weiter, würde es in der Menschenküche heißen. Alle gewünschten Baumrezepte richten die Pilze und Bakterien für ihren Auftraggeber her. Die nächste Art der Gespräche sind Unterhaltungen von Baum zu Baum. Keine Frage, wenn man ein Lebtag lang, oft durch mehrere Jahrhunderte hindurch, nebeneinander fest im Boden verankert ist, dann gibt es vieles auszutauschen.

Benachbarte Bäume kommunizieren untereinander, wenn sich ihre Wurzeln im Erdreich berühren. Sie stimmen ihre Rezepte ab, informieren die Pilze über Abgrenzungen, benutzen oft auch Strategien im Wettbewerb und so fort.

Nun wurden Versuche durchgeführt, bei denen benachbarte Bäume getrennt und mit neuen Partnern zusammengepflanzt wurden.

Jeder Gärtner weiß, dass im sogenannten Versetzungsschock die Bäume vorerst schlechter gedeihen. Das hängt auch damit zusammen, dass sich die neuen Bäume noch nicht verstehen. Eine neue Sprache muss gelernt beziehungsweise der Dialekt muss angepasst werden, bis wieder alles reibungslos läuft. Dieser Vorgang der Sprachanpassung dauert rund acht Monate. Danach beginnen die neuen Nachbarn, sich gegenseitig abzustimmen.

Unglaublich: Wenn der Baum nach einem, zwei oder drei Monaten wieder zum alten Freund zurückgepflanzt wird, gelingt die alte Sprache gleich wieder. Der Versetzungsschock bleibt aus.

Nach mehr als acht Monaten hat er sich aber auf die neue Sprache umgestellt und seine alte Sprache vergessen. Wenn er also nach mehr als acht Monaten zum alten Ort zurückgepflanzt wird, erlebt er erneut einen Versetzungsschock. Er muss jetzt die vergessene, alte Sprache wieder neu lernen.

Dieser beschriebene Effekt ist ja durchaus nichts Neues. Wir kennen sie ähnlich von uns Menschen. Die Versuche, einen Bayern und einen Berliner oder einen Wiener mit einem Tiroler oder einen Zürcher mit einem Schweizer Gebirgler zusammenzupflanzen, hat es ja schon alle gegeben. Da kommt es durchaus vor, dass der eine vom Einkauf nicht das mitbringt, was der andere bestellt hat. Nur weil er ihn kaum versteht. Auch das Abstecken erforderlicher Grenzen und Berührungspunkte wird mühsam, wenn man sich kaum versteht. Manchmal sind bei den Menschen die erforderlichen Zeiträume, um eine gemeinsame, neue Sprache gut und gemeinsam zu benutzen, aber deutlich länger als acht Monate.

Wer die Baumsprache beobachtet, kommt aus dem Staunen nicht heraus. Bevor wir zu den Zwiegesprächen mit uns Menschen wechseln, noch einige Pflanzengespräche.

Der Borkenkäfer wird oft als Feind der Bäume bezeichnet. Das ist natürlich blanker Unsinn. Die Natur erschafft keine Feinde. Feindschaft ist eine Erfindung von Menschengehirnen. In einem ausgewogenen Ökosystem übt der Borkenkäfer die wichtige Funktion der Gesundheitspolizei aus. Nur wenn die Verhältnisse weit von dem weg sind, was einen stabilen und gesunden Wald ausmacht, kann sich der Käfer außerordentlich verbreiten und dem nach Geld strebenden Menschen so manche Monokultur wegfressen. Daher rührt das Unwort vom Feind.

Das Beispiel Monokultur zeigt uns, wie sinnvoll manch vermeintlicher Schaden oder Schädling sein kann.

Der Wald ist eine einzige große Familie. Jeder kann irgendetwas besonders gut. Etwas, das für die anderen wichtig ist und das sie nicht so gut oder gar nicht können. Da gibt es Bäume mit ganz tiefen Wurzeln. Im Gebirge ist das zum Beispiel die Lärche und im warmen Tiefland die Eiche. Die Tiefwurzler sind die Stützpfeiler gegen den Sturm. Tief verwurzelt und hoch aufragend brechen sie die Kraft des Windes, sodass auch Schwächere unbeschadet durch die Unwetter kommen. Warum haben dann nicht alle Bäume tiefe Wurzeln? Das ginge nicht gut, es gibt sehr viele sumpfige und nasse Böden, in denen ein Tiefwurzler zugrunde geht. Seine Wurzeln würden im Sumpf ohne Sauerstoff verfaulen und ersticken. Um diese Gründe zu besiedeln, braucht es Bäume, die in der Lage sind, die kleinen, flachen, trockenen Kuppen und Erhebungen im Sumpf zu besiedeln. Die Fichte kann das ausgezeichnet. Oder andere Spezialisten, die es direkt in der stehenden Sumpfnässe aushalten und sogar in der Lage sind, das Wasser wegzupumpen, den Sumpf in einigen Jahrzehnten auszutrocknen. So ein Pionier ist die Erle. Als große Pumpe des Waldes wagt sie sich weit ins stehende Wasser vor und trocknet langsam Zentimeter für Zentimeter den feuchten Boden aus.

Die Aufgaben, die Waldböden und das Klima an ihre Bewohner stellen, sind sehr verschieden. Jeder Standort ist neu und anders, sodass ein einziger Baum in vielen Fällen zu wenig ausgerüstet ist und allein den Aufbau eines stabilen, gesunden Waldes nur schwer schafft. Es gibt die Situationen nach Naturkatastrophen wie Waldbrand, Erdrutsch oder Windwurf. Der Boden ist jetzt großflächig dem Regen, Wind und der Sonne ausgesetzt. Diese Erosion vernichtet, verbläst und verschwemmt in kurzer Zeit die kostbarste Lebensgrundlage dieser Welt, den Humus. Damit das nicht passiert, eilt in solchen Fällen die Natur mit Pionierpflanzen herbei. Diese sind besonders schnellwüchsig und meistens an extreme Bedingungen angepasst. Bei den Bäumen sind das zum Beispiel Birken, Erlen, Ebereschen und Weiden. Pionierpflanzen erweisen sich immer als besonders genügsam, leicht, schnell und anpassungsfähig. Allerdings sind sie auch die kurzlebigsten. Es ist ihre Aufgabe, die Böden zu bewahren, sie aufzubereiten, um sie dann an die großen, erhaltenden Baumarten zu übergeben. Je nach Klima und Höhenlage kommen die Eichen, Ulmen, Buchen, Tannen, Fichten, Lärchen und Zirben, um nur einige zu nennen.

Die Waldbäume sind immer eine Gemeinschaft, in der es Arbeitsteilung gibt. Natürlich herrscht bei den jungen, viel zu dicht aufwachsenden Bäumchen ein gnadenloser Verdrängungswettbewerb. Aber trotzdem gibt es bereits in der Jugend Teamwork nach außen hin. Das große Gefüge des Waldes wird dann ohnedies gemeinsam im abgestimmten Miteinander gebaut und erhalten. Es braucht dort eben die vorauswachsenden Sturmanker. Das können Lärchen, Eichen und Tannen sein. Darunter sollen weniger lichthungrige Halbschattenbäume, wie Buchen, Eschen und Fichten, die Zwischenräume füllen können. An jedem Bachlauf oder in Sumpfmulden sind die Nässespezialisten, wie Erlen und Weiden, nötig. Umgekehrt ist die anspruchslose Kiefer am schotterigen Sonnenhang in der Lage, mit minimalster Humuslage und geringsten Wassermengen lange Perioden gesund zu überdauern. So lange, bis erste Sträucher und Laubbäume im Kiefernschutz anwachsen und die Humusbildung mit ihrem Laub erst richtig beginnen kann. Der Wald gleicht einer gut eingespielten Fußballmannschaft. Zwölf Tormänner können genauso wenig gewinnen, wie wenn nur Stürmer auf das Feld geschickt werden. Die Kunst eines guten Försters ist es daher, den Boden, das Klima und alle Anforderungen auf seinen Standorten zu erkennen. Für diese Anforderungen soll er nun die richtige Mannschaft aus den richtigen Baumarten auswählen. Diese werden gepflanzt oder, wenn sie von Natur aus ansamen, gefördert. Bei einer Durchforstung befreit man sie von ihren nachbarlichen Konkurrenzbäumen.

Nur ganz selten gibt es großflächig gleiche Böden und die genau gleichen Anforderungen. Das sind dann Wälder mit hohem Anteil einer einzigen Baumart, die sich hier sehr gut bewährt. Wir kennen solche Fichtenwälder im kühleren Klima des Nordens oder im Gebirge.

Verfällt der Mensch nun auf die Idee, diese Fichtenwälder mit den vielen geraden Stämmen überall zu pflanzen, wo sonst Mischwälder besser die vorhandenen Aufgaben lösen würden, so sprechen wir von unnatürlichen Monokulturen. Das Gewinnstreben des Menschen funktioniert hier meistens nicht lange. Der Natur bleiben solche Experimente nicht verborgen. Ihr Bestreben ist es ja, die bewährtesten, über Jahrtausende erprobten Konzepte zum Zug kommen zu lassen. Im Fall der unnatürlich gepflanzten Fichte in zu warmen Tieflagen erscheinen als natürliche Gegenmaßnahme unter anderem Frau und Herr Borkenkäfer mit Tausenden von Freunden.

Die Fichten, denen dort unten im Reinbestand die kühlende Nachbarbuche fehlt oder der Schatten einer noch mächtigeren Tanne abgeht, sind geschwächt im Vergleich zu jenen am optimalen Fichtenplatz im Gebirge auf 900 bis 1400 Meter Seehöhe. Ihre Wurzeln sind alle in gleicher, flacher Höhe und bedrängen sich gegenseitig. Wäre links der Fichte eine Buche und rechts eine Tanne, dann könnten drei verschiedene Wurzelsysteme drei verschiedene Bodenschichten aufschließen. Außerdem würden durch die verschiedenen Wurzelgesellschaften noch mehr verschiedene Bodenlebewesen dort leben. Die Versorgungsmöglichkeit für alle wäre so vielfältiger und vitaler. Kurzum, in wärmeren Tieflagen ist die Fichte im Mischwald stärker und kann sich besser gegen sogenannte Feinde wehren. Dem Mischwald steht eben die Bodenkraft in ihrer ganzen Fülle zur Verfügung. Im geschwächten Fichtenreinbestand wird der Käfer Breschen schlagen, Lücken fressen und oft ganze Flächen kahl legen. Sein Auftrag ist es ja, jede Schwäche im Baumbestand aufzuspüren, aus dem Wald herauszufressen, damit dort Freiflächen entstehen. Im neuen Licht auf dem Waldboden will die Natur beim nächsten Versuch diejenigen Bäume aufwachsen lassen, die die verschiedenen Aufgaben klug auf die Gemeinschaft aufteilen. Das ist der beste Weg für alle Beteiligten. Übrigens, die Käferfamilie kann auch dort im Mischwald wohnen. Sie wird sich aber in kleiner Zahl halten und sich mit abgebrochenen Wipfeln, Ästen und dem einen oder anderen Holzstück begnügen, das den Weg zurück zum Humus antritt. Im ausgewogenen Gleichgewicht haben alle im richtigen Maße Platz. Sie leben im Gleichgewicht, sozusagen in Bereitschaft, denn der nächste Großeinsatz kann im Wald jederzeit und schneller kommen, als man denkt.

Gehen wir dazu in einen Bergwald auf 1100 bis 1500 Meter Seehöhe. Tausende Fichten stehen in ihrem klimatischen Optimum gemischt mit Tannen, Buchen, Ahorn oder Lärche, je nach Untergrund und Lage des Waldes. Plötzlich zieht ein Sommergewitter auf und der Blitz fährt krachend in eine der höchsten Fichten. Das Schlimmste, was dieser widerfährt, ist nicht die klaffende Wunde, die vom Wipfel bis zum Stammanlauf ins Holz gerissen wird. Nein, das allein könnte ein vitaler Baum ausheilen. Die Harze der Bäume sind ja eines der wertvollsten und wunderbarsten Mittel, die die Natur überhaupt hervorbringt. Bakterien, Viren und Pilze, sie alle können im Harz nicht existieren. Harz ist das hygienischste und wirkungsvollste Wundheilungsmittel, das wir uns nur vorstellen können. Das gilt auch für Mensch und Tier. Dieses Baumharz könnte die Blitzwunde ausreichend versorgen. Aber der Blitz hat sein fürchterlichstes Werk im Erdreich vollbracht. Die feinen Haarwurzeln sind versengt und verbrannt. Information und Leitung zwischen dem Baum und seinen Milliarden unterirdischer Helfer sind zerstört. Dieser Baum hat keine Chance mehr, sein irdisches Dasein fortzusetzen.

Was geschieht da? Auf wundersame Weise tauchen bereits in den nächsten Tagen Tausende an Borkenkäfern auf. Haben sie es gehört, gerochen oder wie sonst konnten sie die kranke Fichte so schnell finden, von weit herkommen? Jedenfalls ist es ihre Aufgabe, die geschwächte Fichte zu entfernen. Die ersten Käfer, die ihre Löcher in die Rinde bohren, ersticken noch am ausfließenden Harz. Aber der Nachschub im Baum fehlt und bald wird die Armee der Käfer ihre Gänge unter der Rinde fressen. Alle Saftleitungen des Stammes sind damit unterbrochen, er beginnt auszutrocknen und seinen Körper restlos dem Humus zurückzugeben. Dieses Treiben bleibt aber nicht unentdeckt. Birgt es doch große Gefahr für die umliegenden gesunden Fichten. Wenn sich die Käferkolonie am kranken Baum zu stark vermehren kann, werden die Käferkinder und -enkel mangels anderer kranker Bäume auch die nächsten gesunden Fichten überfallen. Also müssen Vorsorgepläne umgesetzt werden.

„Harzproduktion Vollgas und alle Duftstoffe aussenden, die Borkenkäferfresser anlocken", das ist das Verhalten, das plötzlich die restliche Baumgemeinschaft koordiniert beginnt. Sie halten zusammen, sobald nur einer von ihnen bedroht wird. Das hätten wir ihnen nicht zugetraut, den scheinbar stummen Fichten, Tannen, Buchen und ihren Freunden.

Alle Männer einer Feuerwehr bekämpfen im Brandfall gemeinsam den einen Feind, das Feuer. Aber die haben einen Kommandanten, der dafür sorgt, dass jetzt, wo es schnell gehen muss, jeder das Richtige tut. Wer ist der Kommandant der Bäume, der ihre Abwehr organisiert, wenn sie angegriffen werden?

Sofort beim Beginn des Käferangriffes auf den kranken Baum sind im Umkreis von rund 50 Metern an allen gesunden, nicht angegriffenen Bäumen diese Maßnahmen biochemisch messbar! In der Gefahrenzone werden unter der Rinde plötzlich alle nötigen Abwehrstoffe bereitgehalten. Die Verständigung der Bäume untereinander funktioniert nicht nur in diesem Krisenfall perfekt. Der Borkenkäferangriff ist nur ein Beispiel, wie Bäume untereinander Gefahren mitteilen und sich gemeinsam auf die Abwehr vorbereiten. Das Sprechen nach außen geschieht aber ähnlich im Inneren. Wenn in der Savanne eine Giraffe auftaucht und genüsslich beginnt, Blatt für Blatt einen Baum kahlzufressen, dann unterhalten sich die einzelnen Zellen sofort. „Hallo Freunde, wenn dieses Vieh so weiterfrisst, ist unser schöner Baum bald kahl. Kahlfraß in der Dürreperiode ist eine starke Schwächung, vielleicht sogar lebensbedrohend. Also produziert sofort die grauslichsten Bitterstoffe, die dem Tier gar nicht schmecken!" Sogleich beginnt der Baum Stoffe zu produzieren, die die Giraffe veranlassen, nicht alles zu fressen, sondern weiterzuziehen. Die wenigen bis dahin gefressenen Blätter kann der Baum leicht verkraften. Beim nächsten Baum kann die Giraffe wieder einige wohlschmeckende Blätter abzupfen, bis es erneut bitter wird. Auf diese Weise verteilt sich die Giraffenmahlzeit auf viele Bäume, sodass diese die wenigen Blätter leicht nachbilden können.

Wie unglaublich intelligent steuert doch die Natur solche Vorgänge. In diesem Fall lässt sie nicht die Bäume, sondern die Zellen im Inneren eines Baumes untereinander kommunizieren. Würden die Bäume so ausgestattet sein, dass sie die Giraffe schon von Weitem kommen sehen und vorsorglich Bitterstoffe produzieren, dann wäre das für beide, für Baum und Giraffe, viel schlechter. In diesem Fall hätte die Giraffe gar keine andere Chance, überall stößt sie nur mehr auf bittere Blätter. Das heißt, sie wäre gezwungen, sich an die bitteren Blätter zu gewöhnen. Damit würde das Unheil beginnen. Wenn ihr bittere Blätter nichts mehr ausmachen, warum sollte sie dann noch von einem Baum zum anderen ziehen und überall nur ein kleines Büschel fressen? Es ist doch viel bequemer, stehen zu bleiben und einen ganzen Baum kahlzufressen. Damit würde sie aber Baum um Baum kahlfressen und in der heißen Savanne umbringen. Am Ende, sobald die Bäume in ihrem Lebensraum verschwunden sind, würden auch die Giraffen verhungern. Deshalb hat die Natur in diesem Fall die Abwehr im Gespräch zwischen den Baumzellen eingeführt. So wird die Giraffe gezwungen, von Baum zu Baum zu ziehen, um sich überall das erste noch süße Blattbüschel zu holen. Die Kommunikation der Bäume geschieht stets passend zur Lebenslage. Einmal, beim Borkenkäferangriff, verständigen sie sich untereinander. Ein anderes Mal, wenn die Giraffe kommt, unterhalten sich die Zellen im Inneren des Baumes.

Wenn wir Menschen das auch so gut könnten: Immer nur dort zu reden, wo es am besten passt ...

Kommunikation geschieht also im Baum drinnen zwischen seinen Zellen und Organen. Gesprochen wird auch zwischen den einzelnen Bäumen. Sogar zwischen Bäumen und anderen Pflanzen, Tieren und Menschen wird kommuniziert. Wenn der vom Borkenkäfer gefährdete Nachbarbaum in der Lage ist, Borkenkäfer fressende Tiere, Vögel und Raubinsekten anzulocken, weil sein Nachbar vom Käfer befallen wurde, dann sehen wir an diesem Beispiel Kommunikation zwischen Bäumen sowie zwischen Bäumen und Tieren.

All diesen Beobachtungen liegen heute wissenschaftliche Erkenntnisse zugrunde. Pflanzen allgemein und Bäume im Besonderen sind ortsverwachsene und gleichzeitig sehr sensible Wesen, die sich aktiv um ihre Umwelt bemühen. Sie speichern Erinnerungen, Erfahrungen. Sie nehmen sich selbst wahr und unterscheiden zwischen sich selbst und anderen. Daraus entwickeln sie aktive Strategien der Abwehr von Bedrohungen sowie der Erhaltung und Entwicklung der eigenen Ressourcen. Sie schützen und fördern aktiv ihren Nachwuchs und passen ihr Verhalten an gewonnene Informationen an.

Die Wörter in der Pflanzensprache, also die Zeichen der Kommunikation, sind Moleküle. Flüssig, fest oder gasförmig dienen sie als Botenstoffe, als Informationsspeicher zur Erinnerung und als Signale.

Bis jetzt sind über 20 Molekülgruppen mit zirka 100.000 unterschiedlichen Substanzen dieser Pflanzensprache bekannt.

Wer will da noch von primitiven Lebewesen sprechen? Pflanzen und Bäume sind alles andere als nur mechanisch funktionierende Systeme, die allein auf Licht und sonstige Reize reagieren.

Die Fähigkeit selbst, aktive Strategien zu entwickeln und vorausblickend zu agieren, geht sogar so weit, dass Pflanzen selbstständig ihren genetischen Code ändern können. Das tun sie, sobald sie merken, dass der von den Eltern ererbte Code in einer neuen, veränderten Lebenssituation nicht mehr optimal ist. Bevorzugt greifen sie dann auf die Erfahrung der Großeltern oder

Urgroßeltern zurück und überschreiben den ererbten Elterncode eben mit der Geninformation vom „Urliopa" oder der Oma!

Angesichts solcher wissenschaftlich erhärteten Erkenntnis wackelt das ganze Weltbild der Gentechniker, die uns jahrelang erzählt haben, die Genetik sei die unumstößliche Programmierung aller Lebewesen. Wer hier verändernd eingreifen könne, sei dazu befähigt, alles Leben zu steuern. Das haben wir Menschen lange Zeit irrtümlich geglaubt. Hinter der Genetik taucht also jetzt das nächste System auf, das den Code verändern, die Gene aufrufen und steuern kann.

Goethes Zauberlehrling lässt wieder einmal grüßen.

Bäume, die fest verwachsenen, aber sich selbst wahrnehmenden und gezielt agierenden, sind das erfolgreichste Modell der Evolution, des Lebens auf dem Festland.

Alle Menschen und Tiere einschließlich Insekten machen nur 2 Prozent der lebenden Masse auf der Erde aus. 84 Prozent sind Bäume und 14 Prozent sind sonstige Pflanzen. Wir Menschen können nur gewinnen, wenn wir die Weisheit der Bäume anerkennen und bereit sind, von deren intelligenten Konzepten zu lernen. Es wäre dumm, das bewährteste Konzept zu ignorieren.

Es ist hoch an der Zeit, mit den Bäumen zu sprechen, mit ihnen viel mehr zu kooperieren. Wer hört, was sie zu sagen haben, der wird belohnt. Für die gute Bewältigung unserer Zukunft ist die Baumsprache die wichtigste Fremdsprache, die wir lernen können.

Ein kleines Beispiel der Kommunikation mit zwei Palmenbäumchen habe ich erst kürzlich erlebt. Eine Mitarbeiterin hatte sich im Supermarkt ein Palmenbäumchen gekauft und es an ihr Bürofenster gestellt. Gewissenhaft wurde die Pflanze gegossen und auch der empfohlene Dünger beigegeben. Irgendetwas fehlte der feinblättrigen Palme jedoch. Sie wuchs kaum, kümmerte, die Blattspitzen vertrockneten braun und die ersten Blätter fielen ganz ab. Eines Tages war die Palme weg und als ich in das Büro kam, fiel mir gleich auf, dass auf dem Fensterbrett eine neue, prachtvolle Palme stand. „Wo ist denn die kümmernde, kleine Palme hingekommen?", war meine Frage. „Die habe ich gerade hinunter auf den Komposthaufen geworfen!" Da unterbreitete ich der Dame einen für sie merkwürdigen Vorschlag. „Machen wir beide ein Experiment. Ich hole die kranke Palme gleich wieder rauf und stelle sie in mein Büro. Sie ist jetzt nur noch halb so groß wie Deine neue und schaut total verkümmert aus. Ich werde sie aber von Herzen lieben, sie jeden Morgen begrüßen und gelegentlich mit ihr freundliche Worte wechseln. Mein Bürofenster ist im selben Geschoß an der gleichen Seite. Die beiden haben also dasselbe Licht, gleiche Bedingungen. Wir schauen auch, dass beide gleich gegossen und gedüngt werden. Der einzige Unterschied soll nur der sein, dass Du Deine Palme gleich behandelst wie die erste. Das heißt, Du beachtest sie nur beim Gießen, sonst gar nicht und sagst auch nichts zu ihr!"

Die Mitarbeiterin schaute mich staunend an, aber sie willigte ein. Ich habe noch versprochen, dass ich mit der Palme nur dann rede, wenn ich allein im Büro bin, damit mich niemand für verrückt hält. Und als zweite Maßnahme habe ich unsere Reinigungskraft, die Blumen über alles liebt, gebeten, sich um die Palme zu kümmern, wenn ich nicht da bin. Sie soll ständig Aufmerksamkeit, Freude und Liebe spüren.

Ich weiß es immer noch nicht, ob ein Mensch, der sich einer Pflanze liebevoll zuwendet, Duftmoleküle oder sonstige chemische Botschaften aussendet, ob es Schwingungen sind oder schlicht das universelle Feld der Liebe wirkt. Das Wachstum der beiden Palmen war jedenfalls legendär. In zwei Wochen war aus meiner halb verkümmerten Palme eine kleine grüne Schönheit geworden. Sie trieb aus, als wäre sie mitten im heimatlichen Urwald. Nach einer weiteren Woche begann die neu gekaufte, aber unbeachtete Palme im Nebenzimmer wieder kümmerlich erste braune Spitzen zu zeigen. Nach einem guten Monat war meine Palme beinahe doppelt so groß. Aus Mitleid ging ich jetzt auch manchmal zur zweiten Palme, um freundlich zu sein. Auch die

Besitzerin bat ich, das strikte Ignorieren aufzugeben, wir hatten die Wirkung ja gesehen. Nach ungefähr zwei Monaten war meine Palme mehr als doppelt so groß und sie begann auch noch, einen neuen Stamm auszutreiben. Doch auch die zweite Palme hatte sich gefangen und wurde wieder grüner. In einem mechanistischen Weltbild, in dem Pflanzenwachstum nur als Ergebnis der materiellen Umwelt, des Düngers und Bodens gesehen wird, ist so etwas nicht erklärbar. Trotzdem sind Pflanzen hoch sensibel und blühen – genauso wie wir Menschen – förmlich auf, wenn sie Liebe und Aufmerksamkeit erhalten.

Umgekehrt kümmern und welken sie, wenn sie vernachlässigt werden. Im Dorf gab es eine Frau, die den grünen Daumen hatte. Sie lebte mit dem pensionierten Mann in einem kleinen Haus, das im Blütenmeer der Frau versank. Bis sie eines Tages ins Krankenhaus musste und mehrere Wochen weg war. Ihr Mann, der Pold, hatte sich nie um die Blumen gekümmert. Aber er führte gewissenhaft alle Anweisungen seiner Frau aus. Die Blumen und Sträucher wurden zu den gleichen Zeiten mit der gleichen Menge gegossen. Der große Unterschied: Der Pold mochte diese Arbeit gar nicht. Er grantelte und schimpfte fortwährend dabei. „Die blöden Stauden" und noch kräftigere Ausdrücke fuhren konsequent auf die Gewächse nieder.

Das Ende dieser Geschichte entspricht dem Palmenexperiment. Rund um das Blumenhaus zogen Siechtum und Kümmernis ein. Das erzürnte den Pold noch mehr. Obwohl er so viel Zeit mit der ungeliebten Blumenversorgung verbrachte, wurden die Büsche auch noch kaputt. Er schimpfte daher noch mehr ...

Gott sei Dank kam in letzter Minute seine Frau heim. Die Blumen konnten dann mit ihrer Genesung gemeinsam wieder aufblühen.

Diese Beispiele zeigen, es ist nicht egal, wie wir über Bäume denken und mit ihnen kommunizieren. Aber geht das auch umgekehrt? Ist es auch möglich, dass Bäume uns Menschen aufblühen lassen und aus unserer Kümmernis herausholen?

Alle Feuer dieser Erde

Ungesättigt gleich der Flamme,
Glühe und verzehr' ich mich.
Licht wird alles, was ich fasse,
Kohle alles, was ich lasse:
Flamme bin ich sicherlich.

Friedrich Nietzsche

Es ließ uns Menschen überleben. Es begleitete uns stets, vom Anbeginn der menschlichen Entwicklungsgeschichte. Feuer, es fasziniert uns und berührt uns im Innersten. Feuer ohne Holz, das gibt es nicht, dachten wir als Kinder. Feuer war gleichbedeutend mit Holzknistern, Prasseln und Verglühen der Scheiter.

Glückselige Momente, wenn es uns Buben gelungen ist, versteckt, entfernt von den Häusern, ein Feuer zu entfachen. Zuerst nahmen wir dürres Gras oder die äußeren Streifen der heruntergerissenen Birkenrinde, dann kamen feine Äste, und erst, wenn es uns geglückt war, all das mit den verbotenen Streichhölzern zu entfachen, konnten größere Holzstücke, Äste oder Fichtenzapfen hinzugelegt werden. Wie oft war es nur beißender Qualm, der uns entgegenschlug. Da hatten wir wieder einmal zu feuchtes Material erwischt. Wir bliesen, um die zaghaft glimmende Glut anzutreiben, aber es half alles nicht. Husten und brennende Augen waren der einzige Erfolg. Feuchtes Holz kann so nicht angezündet werden.

Am Anfang wollten wir es nicht glauben. Streichholz um Streichholz probierten wir es immer wieder. Die Enttäuschung war dann groß. Streichhölzer wurden von uns Buben ja mit größter Sorgfalt ferngehalten. Uns stand also kein Nachschub zur Verfügung, wenn die eine kleine Streichholzschachtel verbraucht war, die kostbare eine Schachtel, die ein Freund mitgebracht hatte. Zünder nannten wir sie. „Verflixt noch mal, jetzt sind alle Zünder weg und wir stehen da mit den Hosentaschen voll Kartoffeln." Diese hätten in der Glut gebraten werden sollen. Unseren Eltern blieb der Drang der Buben zum Feuermachen nicht lange verborgen. Die Buben mit Streichhölzern im trockenen Herbstwald – was für eine bedrohliche Vorstellung! Die Mutter reagierte damals auf die wohl beste Art. Sie kannte ihre Buben. Alles Predigen und Aufklären über die Gefahr des entfesselten Feuers würde uns nicht aufhalten, es bei der nächsten Gelegenheit dennoch zu probieren. Nach einigen verbotenen Experimenten wurde uns erlaubt, im Garten eine Feuerstelle einzurichten. Was war das für eine Überraschung. Wir durften ein eigenes Feuer machen und vor den Augen der Mutter unsere Kartoffeln braten. Die schwersten Steine, die wir nur tragen konnten, schleppten wir aus dem Hundsbach herbei. Das heimlich nach den Zündern Schielen hatte damit ein Ende. Und Holz durften wir sogar aus der Holzhütte holen. Damit war auch die Not mit dem qualmend feuchten Zeug im Wald beendet.

Glückselig saßen wir an unserem Feuer. Auf einen Haselnussstock aufgespießt, drehte jeder seine Kartoffel in der Glut. Sogar eine Prise Salz gab es nun am offiziellen Feuer. Wenn es irgendwie ging, blieb ich stets am Lagerfeuer sitzen, bis die letzte Glut in der Asche versank. Alle Phasen wollte ich genau sehen. Die kleine Flamme am Streichholz ergriff nun den Span, ganz dünn und fein, um sich sofort an ihm zu verdoppeln und zu vervierfachen. Da konnten die nächsten drei, vier Späne nicht widerstehen. Ein erstes Knacksen war zu vernehmen und nun wurden ein dickerer Ast oder zwei, drei kantige Holzscheiter draufgelegt. Die Rinde am Ast oder die Kanten der Scheiter, das waren die Türöffner für alle Flammengewalt. Hier krallten sich die roten Zungen fest, lösten sie die ersten Fasern ab, damit plötzlich aus dem kleinen Spanfeuer ein brennender Haufen wird. Die Luft ist die wichtige Gefährtin der Flammen. Kreuz und quer musste daher immer alles Brennmaterial gelegt werden. Wo Luft durchspült, dort gedeiht der Brand. Gierig fassen die Flammen nun jedes Stück. Bald fand ich heraus, dass es eine bestimmte Hitze ist, die das kleine Spanfeuer erreichen muss. Sobald das gelungen ist, brennt plötzlich alles lichterloh. Das ist ein Orchester. Es zischt und knistert, prasselnd erreichen die Flammen ihren Höhepunkt. Wir wichen zurück. Jetzt wurde es so heiß, dass der anfängliche Sitzplatz nah am Feuer nicht mehr auszuhalten war. Und wir wussten ganz genau: Erst wenn die großen und kleinen Stücke von der Feuersbrunst aufgefressen sind, erst wenn sich die Flammen stiller zeigen, klein und bläulich werden, erst dann ist die richtige Zeit für unsere Kartoffeln gekommen. Jetzt verbrennen sie nicht mehr. In der Glut, die nun vom Aschenbett umgeben in den Abend leuchtet, werden unsere Kartoffeln fein gebraten.

Es waren nicht nur Stunden der kindlichen Versunkenheit. Die Zeit am Feuer lehrte mich vieles, das kein Lehrer im Physik- oder Biologielabor so einprägsam hätte erklären können.

Einmal kamen wir auf die Idee, das größte Holzstück, das es rund um das Haus gab, den Hackstock selbst in das Feuer zu legen. Der Hackstock ist ein Baumabschnitt, auf dem die einzelnen Brennholzstücke zerkleinert wurden. Wir schleppten also den Hackstock zum munter brennenden Feuer und legten ihn drauf. In unserer Fantasie erwarteten wir bei so viel Holz meterhohe Flammen. Oder zumindest ein stundenlanges Feuer, das vielleicht morgen früh noch brennt. Aber was geschah? Nichts dergleichen! Solange das Feuer unter dem wuchtigen Stock Nahrung in Form kleiner Stücke bekam, brannte es. Sobald das alles weggebrannt war, zogen sich die Flammen in das gewohnte Glutbett zurück. Der dicke Hackstock darüber brannte nicht. Lediglich an der Feuerseite blieb ein schwarz verkohlter Fleck übrig. Kohlschwarz, groß und deutlich verkündete er unsere Schandtat. Natürlich war es verboten, den Hackstock in das Lagerfeuer zu legen. Natürlich wurden wir bestraft – und natürlich habe ich ein Lebtag lang nicht mehr vergessen, dass Holz wunderbar brennt, wenn es dünn und von Luft umspült ist. Es brennt aber gar nicht mehr, wenn es ein dicker, voller Klotz ist. Wer hätte sich damals gedacht, dass ich mit diesem Wissen ein halbes Jahrhundert später die brandsichersten Häuser bauen kann?

Massivholzbauten haben im Brandfall genau berechenbare Verkohlungsraten und stundenlange Brandwiderstände, während Stahl- oder Betonkonstruktionen bei Erreichen bestimmter Temperaturen plötzlich und ohne Vorwarnung zusammenbrechen können.

Aber das ist bei Weitem nicht alles, was am Lagerfeuer für Kinder und Erwachsene gelernt und erlebt werden kann. Offene Feuer waren neben dem Lagerfeuer allgegenwärtig. Das bedeutendste, in der Mitte unseres Lebens, brannte im Küchenherd. Nicht nur im Winter, auch im Sommer, Tag für Tag hob die Mutter ihre rußigen Töpfe in die Öffnung der Herdplatte. Polenta im Kupferkessel oder Marmeladen, Kompotte und alle Vorräte für den Winter kochten dort ihrer Haltbarkeit entgegen. Die eisigen Tage ohne Nachschub aus dem Garten kommen gewiss. Bis dahin wurden die Kellerregale mit Eingekochtem gefüllt. Offenes Feuer gab es aber auch in der Dorfschmiede. Was für ein Gegensatz zum mütterlichen Herd. Der Schmied, die Riesenhände mit den wuchtigsten Fingern, die wir je gesehen hatten, der mächtige Hammer auf das glühende Eisen niederstürzend – diesem Schauspiel durften wir einfach zusehen, wenn wir unauffällig zu Esse und Amboss in die rußschwarze Werkstatt schlichen.

Der Gipfel aller Feuer war aber das alljährliche Bergfeuer zur Sommersonnenwende. Am Wechsel vom anwachsenden zum kürzer werdenden Tag brannten jeder Bergbauer, jeder Bewohner am Berghang und auch verschiedene Gruppen und Vereine des Tales ihre Feuer im heimatlichen Salzachtal. Das war die Nacht, in der wir am längsten aufbleiben durften. Unendlich lange dauerte der Beginn der spätesten Dämmerung. Kurz vor 22 Uhr glimmten dann die ersten roten Punkte auf. Wer jemals einen Vogelschwarm im Flug beobachtet hat, der staunt über das unsichtbare Signal, nach dem sich alle Vögel gleichzeitig bewegen, ihre Richtung ändern oder sich auf einem Baum niederlassen. Der ganze Schwarm erscheint dem Betrachter als zusammen wirkender Organismus. Ein ähnlich unsichtbares Zusammenhängen erlebten wir Jahr für Jahr, sobald es 22 Uhr geworden war. Plötzlich glimmten alle Ecken, Kanten und Gipfel der Berge rund um uns. Dem Glimmen des Anbrennens folgte kurz darauf das helle, meterhohe Hinauflodern. Die alten Leute aus der Nachbarschaft versammelten sich und spekulierten mit ihren Ferngläsern herum. Es wurde gefachsimpelt, wer heuer wieder das größte Feuer zusammengebracht, wer ungeduldig zu früh angezündet und wessen Feuer zu wenig lange gehalten hatte. Neben Weihnachten im tiefen Winter war der 21. Juni die Zaubernacht im Sommer, die wir wach erleben, einatmen durften.

Nur wenige Jahre ist es den Eltern gelungen, uns in dieser Nacht im Tal zu halten. Das naheste Sonnwendfeuer war jenes vom Bachseit Pold. Der alte Mann richtete jedes Jahr an den sonnseitigen Hängen oberhalb des Elternhauses sein Brennholz her. Dort in den feuchten Gräben wuchsen dick die Erlen. Die Stämme wurden vom Pold zu Meterscheitern verarbeitet und fein säuberlich auf Unterlagenhölzern gestapelt. So konnten sie luftig austrocknen, bis der Winter die Hohlwege mit Schnee füllte und am Ziehschlitten das Holz zu den Häusern gebracht wurde. Die anfallenden Äste und Wipfel der Brennholzerlen sammelte der Pold fein säuberlich ein. An einem Schieferfelsen, der senkrecht einige Meter aus den Bergweiden ragte, wurden sie gelagert, zum Asthaufen hoch geschlichtet, sodass er sogar den Felsen überragte.

Am sonnenwarmen Felsen trocknete das Geäst dürr. Die Rinde zeigte sich bis zur Sonnenwende rissig und brüchig. Da genügte ein kleines Spanfeuer am Fuß des Haufens, immer vom Pold persönlich entfacht, und die Flammen schossen förmlich

nach oben. Genährt durch die feinen Ästchen am Ende jeden Stückes, brannte alles lichterloh. Die Riesenflamme riss in ihrem Hitzestrahl klein glühende Aststückchen in die schwarze Nacht, weit hinauf, oft 20 Meter hoch, bis sie klein verglühten. In unserem Dialekt hieß das: „Die Gaahn gehn auf!"
Dieses Schauspiel dauerte nur fünf, zehn Minuten, bis zuerst das Kleinastmaterial durch die Feuersbrunst gierig gefressen war. Danach änderten sich Musik und Farbe der Flammen sogleich. Das erste Prasseln ging in ein Knacken und Zischen über. Die dickeren Äste waren jetzt an der Reihe. Der Vollbrand mit dem Kleinastmaterial und der Übergang auf die dicken Äste waren die Zeit der größten Hitzeabstrahlung. Respekt verschaffte sich das Feuer mühelos. Kein Jahr verging, in dem nicht über einen gelacht wurde, der unvorsichtig zu nahe kam und mit versengten Augenbrauen und verbrannt stinkenden Haaren auf dem Kopf und an den Armen büßte. Erst wenn der Haufen nur mehr meterhoch war, konnten wir uns wieder nähern. Die grellrot lodernden Flammen beginnen sich zu dieser Zeit blau zurückzuziehen.

Zurück zur Glut, die an den Rändern bereits anfing, sich schützend mit Asche zu bedecken. Grüne Äste vom Haselnussstrauch und den Weiden hatten wir für diesen Augenblick schon griffbereit. Diese wurden nun an der Spitze angebrannt. Auf dem Heimweg in der dunklen Nacht schwenkten wir die glühenden Stöcke. Der Luftzug ließ dadurch den kleinen Brand an der Stockspitze richtig leuchten. Wir schrieben Kreise, Muster und Zeichen mit der wirbelnden Glut in den Himmel. Rauchig, todmüde und mit allen Bildern des Feuers im Herzen legte uns die Mutter dann ins Bett. Im Traum brannten die Flammen weiter, flogen wir mit den Gaahn hoch hinauf und erlebten alles neu. Am nächsten Morgen waren wir Buben immer die Ersten, die wieder auf die Bergwiesen hinaufliefen. Staunend untersuchten wir den Aschenhaufen und fanden immer noch heiße Glut tief eingebettet unter dem fußhohen weißen Aschenpulver. Gestern noch stand hier der in tagelanger Arbeit aufgeschlichtete Sonnwendhaufen. Heute war nichts übrig geblieben vom vier, fünf Meter hohen Holzberg. Aschenpulver, nur weiße, federleichte Holzasche, von der die Erwachsenen sagten, es sei guter Dünger für die sauren Wiesen auf dem Schieferboden.

Die vielen Feuer der Kindheit waren niemals gleich. Geliebt, bewundert und gefürchtet habe ich sie, aber immer konnte ich sie genau beobachten. In jedem Holz zeigt sich auch beim Verbrennen die Eigenart des Baumes. Der Baum bleibt einmalig, auch wenn er verbrennt. Die grundverschiedene Eigenart der einzelnen Baumcharaktere bildet sich auch im Feuer der verschiedenen Holzarten ab. Es gibt die mächtigen Energiefeuer, die prasselnd aufragen, dann die flüchtigen, leichten und raschen sowie die leise erzählenden Feuer und so weiter. Die Schöpfung ist kein Geheimnis. Sie ist ein offenes Buch, das sich jedem zeigt, der bereit ist, hinzuschauen.

Jahre später habe ich zum ersten Mal von jener mittelalterlichen Klosterfrau, Hildegard von Bingen, gehört. Als ich lesen konnte, dass diese heilkundige Frau unter anderem die Feuer verschiedener Hölzer anwendete, um bestimmte Leiden zu heilen, bestimmte Botschaften damit zu übertragen, da konnte ich keine logische Erklärung dafür finden. In mir aber spürte ich den Zauber der vielen Feuer, in die ich geschaut hatte. Ein Eschenfeuer, ein Lärchenfeuer oder die brennenden Birkenscheiter bewusst verwenden, zur Freude, zur Stärkung, Heilung und Unterstützung, einfach nur zum völligen Entspannen und Loslassen – diese Gedanken ließen mich nicht los. Als dann für meine eigene Familie unser erster Kachelofen gebaut wurde, bat ich den Ofensetzer, keine normale Ofentür zu verwenden, sondern eine Glastüre einzubauen, die möglichst groß sein soll. Und ich bat ihn auch, den Ofen so zu konstruieren, dass ich auch bei geöffneter Glastüre das Feuer erleben kann. Da wurde ich darüber aufgeklärt, dass ein Kachelofen kein offener Kamin sei und so weiter. Am Ende bemühte sich der Ofensetzer aber doch, meine Wünsche zu erfüllen und es ist auch gelungen. Mein Herz jubelte. In unserem

Hobelwerk stellen wir ja Vollholzböden aus beinahe allen heimischen Hölzern her. Da gibt es Holzabfälle von all den wunderbaren Bäumen. Ich muss die Holzarten nur getrennt stapeln, dann kann ich am Abend zu Hause ein Birnbaumfeuer genießen oder ein Ulmenfeuer ausprobieren. Alle Bäume des Waldes, alle Feuer dieser Erde wollte ich sehen, durchprobieren. Wer erlebt schon den Luxus, bewusst ein reines Zirbenfeuer zu spüren? Oder schweigend ein Buch zu lesen neben den nach Gerbsäure duftenden Eichenstücken? Wie oft habe ich ein Feuer singen oder gar hündisch jaulen gehört, während draußen der Schnee um das Haus fegte? Wie oft hat mich knackendes und prasselndes Fichtenholz in einer Hütte gewärmt?

Es fällt mir schwer, das Ergebnis dieser Versuche in Worte zu fassen. Gerade im Feuer offenbart der Baum seine Kräfte. Jahrring für Jahrring dringen die Flammen in das Innere, so langsam Gewachsene. Alle Duftstoffe, Harze, Einlagerungen werden frei. Es verglüht, wird Gas, brennendes, heißes Holzgas. Das Holzfeuer eines Baumes ist eine weitere Art, unendlich viel aus der Natur zu schöpfen.

Wer ein Stück Holz verbrennt, gewinnt die gespeicherte Sonnenenergie. Alle Strahlen, die den Baum erwärmten, kommen aus dem Feuer zurück zu uns. Die Wärme allein ist aber bei Weitem nicht alles. Das ganze Wesen des Baumes, seine Botschaft wird durch die Verbrennung frei. Sie geht zurück zu ihrem Ursprung. Und wir, wir dürfen dabei sein, mitten drinnen, im Mysterium all der Feuer dieser Welt.

Das Feuer ist ein archaischer Weg, tief in das Holz hineinzuspüren. Es gibt aber auch ganz einfache, unmittelbare Möglichkeiten, die verschiedenen Qualitäten der Bäume Tag für Tag in das eigene Leben einzubringen. Beginnen wir im nächsten Kapitel mit einem einfachen Kreis aus hölzernen Stühlen.

Der Sesselkreis

Es ist nicht nur der Lindenblütentee, manche Köstlichkeit aus dem Wald oder heilendes Lärchenharz, das wir von Bäumen gewinnen können. Es kann ganz einfach gehen, die Sprache der Bäume, ihre Weisheit und wohltuende Schwingung in das eigene Leben zu holen. Ein erstes, lustiges Experiment dazu startete ich beim Bau unseres neuen Forschungszentrums. Neben vielen technischen Versuchen wollten wir die Gelegenheit nutzen und den Zauber der Hölzer, ihre Vielfältigkeit ins Haus holen. Unter anderem musste ich Stühle für verschiedene Räume finden. Gemeinsam mit einem Tischler suchten wir einen modernen, stapelbaren Holzstuhl aus, den der Tischler aus allen möglichen Holzarten anfertigte. Ich lieferte ihm zu diesem Zweck die Nadelhölzer Fichte, Tanne, Kiefer, Lärche und Zirbe sowie die Laubhölzer Eiche, Ahorn, Buche, Esche, Erle, Birke, Nuss, Kirsche, Birne, Linde und Ulme als geschnittene und getrocknete Pfosten und Bretter. Was kann da geschehen, wenn man denselben Stuhl aus immer einem anderen Baum anfertigt und nebeneinander nutzt? Gespannt wartete ich auf die Lieferung des Tischlers. Mit den Stühlen kam der Mischwald in seiner ganzen Fülle in das hölzerne Bürogebäude. Ich war überwältigt von dem Eindruck, den Farben, Strukturen und der Vielfalt. Wie gut, dass wir uns für eine so schlichte Form der Sitzmöbel entschieden hatten. Die Hölzer boten Konzert genug. Um die neuen Stühle nebeneinander zu erleben, stellten wir im vorerst noch leeren Besprechungsraum einen großen Sesselkreis auf.

Jeder suchte sich seinen Platz und wir erlebten die erste Besprechung an diesem Ort. Die Stühle blieben dann im Kreis noch ein, zwei Jahre stehen. Die Besucher, Kunden, Gäste kamen in unser Zentrum. Die gleichen Stühle aus den verschiedenen Bäumen gefielen den meisten Menschen. Ich vermied zuerst jeden Kommentar und bat immer, sich einen Stuhl im Kreis auszusuchen. Den Stuhl, der in diesem Augenblick am meisten zusagt, für den ein innerer Impuls besteht. Zuerst beobachtete ich interessiert, für welche Hölzer sich Frauen, Männer und Kinder, Alt und Jung entschieden. Später begannen wir im Team unseres Hauses darüber zu reden und es dauerte nicht lange, bis wir erkannten: Bestimmte Menschen wählen immer die gleiche Holzart. Es gibt einfach Eichen- und Ahornmenschen. Lärchen, Tannen und Kirschholz und all die anderen Bäume üben eine Wirkung aus, die Menschen in bestimmten Lebenssituationen benötigen, intuitiv suchen und finden. Nicht langes Nachdenken, sondern der gegenwärtige Impuls führt zum energievollen oder zum beruhigenden, zum fantasievollen oder zum erdenden Holz. Es ist mehr als reine Farbpsychologie, die hier wirkt. Die Esche spielt im Konzert der Bäume, im sozialen Verband eine ganz andere Rolle als die Pionierbäume Erle und Birke. Die mächtige, uralt werdende Tanne kann nicht verglichen werden mit einem Kirschbaum, dessen Äste sich unter der süß-sinnlichen Frucht biegen. Oder die Zirbe, diese hochschwingende, einzigartige Baumart mit ihrer Botschaft der Bergwälder. Das Beeindruckende am Holzsesselkreis war für uns zu sehen, wie vergleichbare Menschentypen in vergleichbaren Situationen mit blinder Sicherheit sich immer das gleiche Holz aussuchten. Dabei haben einige Hölzer sehr stark polarisiert. Menschen, die verletzt wurden oder mit Beziehungsproblemen zu tun hatten, zog es magisch zum Bergahornstuhl. Der Ahorn gilt nicht umsonst als kühlend und Klarheit schaffend.

Die Eiche hingegen wirkt als kräftigster Energiespender, der zur Verfügung steht. Menschen mit Energiebedarf, für die Kraft wichtig ist, fühlen sich hier besonders wohl. Sie erdet, verleiht tiefe Wurzeln, Kraft und Macht. Rasch wurde vom Eichen- und Ahorntyp und so weiter gesprochen. Einige Beispiele, die wir oft erlebten: Zielstrebigkeit in Kombination mit einer gewissen Leichtigkeit und Ausgeglichenheit, das verkörpert die Fichte, und zielstrebig, aber mächtiger, langlebiger die Tanne. Wer unter Depression und Schwermut leidet – auf zur orangeroten Erle. Sie ist es, die im Wald stehende Wässer wegpumpt und diese Böden wieder fruchtbar macht. Jedem kreativ arbeitenden Menschen kann die Birke wärmstens empfohlen werden. Sie ist der Baum der Fantasie, der Leichtigkeit der Gedanken. Die Linde lindert. Sie senkt nicht nur Fieber, sie kühlt, beruhigt und klärt. Der Nussbaum im Gegenteil betört und betäubt. Wer das nicht glauben möchte, soll sich nur einmal am heißen Sommertag an einen Nussbaum lehnen, einige Blätter pflücken, zerreiben und kräftig daran riechen. Er berauscht uns nahezu, dennoch hilft der Nussbaum, Entscheidungen zu treffen. Vielleicht gerade, weil er die ablenkenden Gedanken darum herum ausblendet. Und da wären noch die sinnlichen, lebenslustigen Bäume mit ihren süßen Früchten, der Kirschbaum, der Apfelbaum – der Ausgewogene – und der Birnbaum, der zur Muße führt.

Ein ganz besonderer Geselle ist der Lärchenbaum. Kaum einer ist standfester und widersteht den Stürmen durch seine Biegsamkeit. Trotzdem schafft die Lärche das durch Anpassungsfähigkeit. Als einziger heimischer Nadelbaum wirft sie jedes Jahr ihr Kleid ab und treibt wieder neu aus.

Eines der größten Heilmittel – ich habe es schon erwähnt – schenkt uns auch die Lärche. Mit Lärchenharz verarztete der Großvater die stark blutende Hand, nachdem er an der Hobelmaschine den halben Handballen weggehobelt hatte. Ich konnte es damals kaum glauben. Erst zwei Wochen später entfernte er den Lärchenharzverband und eine gesund zugewachsene Hand mit frischer Haut kam zum Vorschein. Jede Hufentzündung bei den Pferden, ausnahmslos jede, habe ich mit einem „Lärchenpechpflaster" erfolgreich geheilt. Das Gleiche funktioniert bei entzündeten Zehennägeln an unseren Menschenfüßen. Lärchenharz ist im höchsten Maß antiseptisch, entzündungshemmend und wundheilend. Entzündungen werden unter dem Lärchenharzpflaster regelrecht „herausgezogen".

Nicht vergessen dürfen wir unsere Kiefern. Die Weißkiefer, Pinus sylvestris, ist der Pionier unter den Nadelhölzern. Sie meistert die kargsten Böden und sauersten Moore und bringt es schlussendlich zu einem guten Ende. Verwandlung, Transformation, in unserer Zeit so wichtig, das schenkt und zeigt uns die Weißkiefer. Und ihre Schwester, die Zirbe, Pinus cembra, in der Schweiz auch Arve genannt, wird von manchen Menschen als wichtigster Gesundheitsbaum für ein langes Leben genannt. In der Tat lebt die Zirbe im höchsten Gebirge als Symbol für Ausdauer und Lebenskraft in allen Zeiten. Die ersten Nachweise dafür, dass chemisch unbehandeltes Vollholz unsere Herzfrequenz beruhigt und senkt, das Immunsystem und das vegetative Nervensystem stärkt und uns einfach besser schlafen lässt, sind dem Forscher Prof. Dr. Maximilian Moser auch mit Zirbenholz gelungen. Die Zirbe hat diesen wohl wichtigsten Holzforscher unserer Tage von der Weltraumforschung zur Holzforschung gebracht.

Nicht zuletzt soll die Rotbuche erwähnt werden. Sie wird Mutter des Waldes genannt. Ein einziger Buchenbaum pumpt an einem normalen Sommertag 200 Liter Wasser durch seinen Stamm und verdunstet es im Blätterdach. Es ist immer kühl und angenehm in dieser Klimazone. Buchenlaub ist überhaupt ein Segen für karge Böden. Es ist der beste Humusbildner im Wald. Erinnern wir uns an die Gespräche der Bäume mit ihren Mikroorganismen im Boden. An der Buche wird besonders sichtbar, wie ein Baum strategisch seine eigene Lebensgrundlage mit mütterlicher Fürsorge bewahrt. Mütterlichkeit, die Vorsorge für alle kommenden Generationen im perfekten Stoffkreislauf, alles, was sie tut, dient allen Teilnehmern im Lebensraum – das können wir von der Buche erfahren.

Bei so viel Gutem, das wir von unseren Bäumen einfach geschenkt bekommen, dürfen wir den Grundsatz jeder lebendigen

Liebesbeziehung auch hier nicht vergessen: Liebe lebt immer vom beidseitigen Geben und Nehmen.

Nehmen wir die ganze Fülle der Baumgeschenke an und bauen wir sie in unser Leben ein. Es wird damit fröhlicher, gesünder und wertvoller. Umgekehrt sollen und dürfen wir uns aber auch um diese kostbare Quelle der Natur, um unsere Bäume, kümmern und sie bewahren. Am besten geht es dem Wald, wenn wir ihn sehen, ihn lieben, dort ernten und den gesunden Nachwuchs im Kreislauf der Natur unterstützen.

Wenn wir meinen, wir können unser Leben ohne Mutter Natur einrichten, dann bekommen wir eindeutige Antworten.

In den 1970er-Jahren erreichte das mechanistische „Titanic-Denken" der westlichen Welt einen Höhepunkt. Alles ist technisch lösbar, meinten wir. Unser Wohlstand und jede Versorgung der Menschen kommen aus den Fabriken und vom Staat. Der Wald wurde immer mehr zum Ort für Romantiker, allenfalls gut für einen Wochenendausflug. So haben wir unsere Gesellschaft, unsere Wirtschaft entwickelt.

Wie geht es einem Partner in einer Liebesbeziehung, der vom anderen für romantisch und schön, aber im Großen und Ganzen für überflüssig erklärt wird?

Die Ulme hat damals die erste Antwort gegeben. Plötzlich ging ein seltsames Ulmensterben durch Europa. Es geschah nicht viel. Die Menschen trauerten zwar um manch verdorrten Ulmenbaum. Sie lebten aber gleich weiter. Zehn Jahre später, in den 1980er-Jahren, wurden wir mit dem größeren Thema Waldsterben konfrontiert. Illustrierte druckten beängstigende Bilder von kahlen Waldrücken im Erzgebirge und dem Böhmerwald ab. Der Wald hält unsere Abgase nicht mehr aus! Das war die Erkenntnis daraus und tatsächlich haben örtliche Industriebetriebe ihre Filtertechnik drastisch verbessert, sodass weitere zehn Jahre später an vielen Orten des Waldsterbens wieder junge Bäume in besserer Luft nachwachsen konnten. Zumindest in regionalen Dimensionen hatte die Menschheit richtig reagiert. Damit schien das Problem gelöst und unsere Wegwerfproduktionen entwickelten sich munter weiter. Heute sehen wir uns in einer neuen Situation. Schadstoffe sind ein globales Thema geworden. Ihre einstige lokale Auswirkung auf einige Berghänge oder Höhenrücken mündet heute in das große Thema Klimaerwärmung. Die Statistiken der weltgrößten Versicherungskonzerne sprechen ihre eindeutige Sprache. Schäden durch verändertes Klima, durch immer extremere Wetterereignisse steigen dramatisch, exponentiell an. Diese Situation ist nicht mehr so einfach mit besserer Filtertechnik und Verlagerung von „schmutzigen" Produktionen in die Dritte Welt lösbar.

Auch im mitteleuropäischen Wald kündigen sich die Folgen unseres Vorbeilebens an der Natur an. Neuerdings gibt es ein Eschensterben mit ähnlichen Erscheinungen, wie wir sie vor 30 und 40 Jahren an der Ulme erlebt haben. Wieder so ein Signal? Die Fichte zieht sich aus immer wärmer und trockener werdenden Tieflagen zurück, Laubbäume leiden generell, werfen ihr Laub oft viel zu früh ab. Der Wald braucht uns!

In dem Maß, in dem wir das Kreislaufkonzept der Bäume annehmen sowie erneuerbare Energieversorgung und müllfreie Produktionsbetriebe einrichten, können wir wieder für eine gesunde, lebenswerte Welt sorgen.

Die Zeit, in der wir es uns leisten konnten, den Wald als geschütztes Museum oder als lieblichen Ort für einige Romantiker zu betrachten, ist vorbei.

Die Baumgemeinschaften mit ihrem System der Kooperation, mit ihrer ganzen, nicht verbesserbaren Genialität, in der sich immerzu erneuernden Rohstoffproduktion, der Wald als Quelle für reines Wasser, gesunde Luft und Lebensenergie für uns Menschen wird zur wichtigsten Universität für unsere Gesellschaft. Die Zeit des mechanistischen Zerlegens ist vorbei. Wir müssen wieder lernen, die Dinge und unser Handeln als Ganzes, als Einzelnes im großen System zu sehen und mit dieser Verantwortung mutig und zuversichtlich in die Zukunft zu blicken.

Wir haben die individuelle Intelligenz in einem noch nie dagewesenen Maß an die Spitze geführt. Das hoch spezialisierte Fachwissen einzelner Disziplinen und einzelner Personen dringt weit und weiter, aber auch einsam und einsamer vor. Der Nutzen wird in dem Maß geringer, in dem der Blick auf das Ganze verloren geht.

Wir brauchen wieder eine Entwicklung zur kollektiven Intelligenz. Die Schau auf das Ganze ist nötiger denn je. Wer die Mutter Erde als ganzheitlich zusammenhängenden Organismus versteht, wird in seinen Handlungen endlich das Wohl des Ganzen im Auge behalten.

Die Universität des Waldes bietet dazu einen hervorragenden Lehrplatz. Es ist eine Universität, die kostenlos jedem von uns offensteht. Die Bäume begleiten uns dabei. Wir brauchen sie und sie brauchen uns.

Erst nach jahrelanger Suche nach einer Möglichkeit, mich innig mit dem Holz der Bäume zu verbinden, bekam ich die Lösung in einem Traum geschenkt. Über Träume, die beachtet werden sollen, darf ich im nächsten Kapitel berichten.

Ein Traum

Schon als Förster im Karwendelgebirge habe ich so manche uralte Almhütte bewundert. „Wie gibt es das", dachte ich oft, „sobald ich in so eine alte, eigentlich ganz einfach gezimmerte Hütte eintrete, überkommt mich ein wohliges, geborgenes Gefühl. In modernen Bauten, die mit synthetisch-technischen Mitteln und Baustoffen errichtet sind, spüre ich dieses gute Gefühl nie. Im Gegenteil, meistens fühle ich mich dort nicht besonders wohl!"

In den Siebziger- und Achtzigerjahren war es bei den Österreichischen Bundesforsten modern geworden, die Forsthäuser nicht mehr wie früher von eigenen Arbeitern aus dem eigenen Holz zimmern zu lassen. Auch die Bundesforste wollten mit der Zeit gehen und ließen ihre Bauten jetzt aus den neuen Materialien mauern, die Böden versiegeln, die Türen aus der Industrie anliefern. Stolz wurden dann solche Bauwerke gezeigt. Meine Frau und ich waren hingegen immer froh, dass wir in unserer Hinterriß noch so ein altmodisches, aus Holz gezimmertes Haus hatten. Erklären konnten wir es damals nicht. Im alten Holzbau fühlten wir uns einfach wohler.

Wie berichtet, kam nach fünfeinhalb Jahren in der Bergeinsamkeit für unseren erstgeborenen Sohn die Schulpflicht. Wir wollten den Buben nicht mit sechs Jahren in ein Internat stecken. So entschlossen wir uns, die Idylle des Forsthauses zu verlassen und wegzuziehen, besser gesagt, wieder in die Gegend zurückzukehren, wo meine Frau und ich unsere Kindheit verbracht hatten. Im Salzburger Salzachtal fanden wir eine neue Heimat. Mit dem ganzen Hausrat, Ziegen und Hund besiedelten wir unser neues Haus in St. Johann im Pongau. Der Zufall wollte es, dass dieses Haus mit Spanplatten und sogenannten modernen, verleimten

Holzwerkstoffen ausgebaut war. Nach der Übersiedelung geschah etwas Seltsames. Die beiden Buben wurden krank. Am Abend kamen starke Husten- und Erstickungszustände. Sie litten unter asthmaähnlichen Anfällen. Nach mehreren Arztbesuchen lag die Diagnose auf dem Tisch. Die beiden reagierten allergisch auf die verleimten Holzplatten im Haus.

Mir war klar, dieses Zeug, das unsere Kinder krank macht, muss raus. Mit dem damals über 80 Jahre alten Großvater meiner Frau, dem Zimmermann Gottlieb Brugger als Lehrmeister, Berater und Arbeitsfreund, entfernten wir alle Spanplattenböden und ersetzten diese durch selbst angefertigtes Massivholz. Daneben zog meine Frau mit den Kindern während des Sommers auf die Alm, umgeben vom Wald. Dort wohnten sie in einer kleinen hölzernen Hütte, genau gleich wie früher, wo es den Kindern immer gut ging. Diese Mühe hatte sich mehr als gelohnt.

Die Kinder wurden wieder kerngesund und ich habe dabei meine Lebensberufung gefunden. Wenn das Holz unserer Bäume meine Kinder von so einem schrecklichen Leiden befreit, dann will ich damit die gesündesten und besten Häuser bauen.

Damals glaubte ich ja schon so viel vom Holz zu wissen. Mein Ingenieurswissen, die Mondholzerfahrungen, das Geigenholz und überhaupt diese Energie und Kraft, die ich in „meinen" Bäumen spürte: Was soll mir da noch passieren?

Der von mir so geschätzte Hermann Hesse schrieb: „Und jedem Anfang wohnt ein Zauber inne, der uns beschützt und der uns hilft, zu leben."

Diesen Zauber und noch eine ganze Reihe von Schutzengeln und guten Geistern hatte ich an meiner Seite, als ich das Projekt Naturholzverarbeitung und mein Unternehmen jung startete. Von Anfang an verwendete ich nur Mondholz. Kein Tropfen Giftleim oder Holzschutzmittel durfte an mein Holz. Der Großvater meiner Frau lehrte mich, Blockhäuser nach seiner alten Art aufzuzimmern. Als „One-Man-Show" startete ich, meine Frau treu an der Seite und den 85-jährigen Großvater als Coach und Unternehmensberater.

Bald kamen einige wenige Mitarbeiter dazu. Wir hobelten und sägten, hämmerten und werkten, vor allem aber lernten wir jeden Tag dazu.

Die ersten Blockhäuser entstanden, mein Herz klopfte, als ich spüren konnte, hier drinnen ist wieder das gute Gefühl, das ich von den uralten Holzbauwerken in meiner ehemaligen Försterei kannte.

Vollholzböden aus vielen Baumarten, Blockhäuser und Wintergärten, Holz- und Glaskonstruktionen für den damals ganz neuen Trend der Niedrigenergiehäuser: Das waren unsere ersten Produkte, für die ich noch alle Bäume einzeln und persönlich in den Bergwäldern des Pinzgaus, Pongaus und im angrenzenden Tirol aussuchte.

Was für eine Befreiung war es, als das erste Blockhaus zufrieden vom Bauherrn übernommen wurde; als die ersten Vollholzböden nach der Heizperiode immer noch wunderbar ohne Probleme in den Häusern lagen; und als wir nach bangen Monaten sehen konnten, die riesengroßen Glasscheiben, die wir entgegen jeder Lehrmeinung nicht auf abgesperrte Leimholzträger, sondern direkt auf gewachsene Massivholzträger geschraubt hatten, ruhen unberührt. Die Holzträger verziehen sich nicht. In dieser Zeit waren es nicht die Bäume, die zu mir gesprochen haben. Vielmehr bin ich in unbeobachteten Augenblicken vor meinen Hölzern gestanden, habe meine Hand auf die gemaserte Oberfläche gelegt und die Bäume gebeten, mir zu helfen und sich um Himmels willen ja nicht mehr zu rühren, wenn wir die großen Glasscheiben draufschrauben ...

Das Vertrauen zum Holz und der Mut haben sich gelohnt. Es hatte sich herumgesprochen, dass unsere Konstruktionen halten, und Mondholz von Thoma wurde langsam bekannt.

Trotzdem war ich damit nicht zufrieden. Anfang der Neunzigerjahre spürte ich, diese Niedrigenergiehäuser sind erst der

Anfang einer langen Entwicklung. Die Blockhäuser schaffen es zwar, den Zauber des reinen Holzes ins Haus zu bringen. Aber technisch gibt es enge Grenzen. Die Eckverbindungen sind nie ganz winddicht, Blockwände schrumpfen nachträglich. Diese Setzungen beschränken aber den Einsatz des Holzes auf kleine Häuser und Hütten.

In mir brannte die Überzeugung: Im Holz liegt noch viel mehr. Wenn Stradivari mit seinen hölzernen Geigen Meisterschätze für Jahrhunderte bauen konnte, dann muss es auch beim Hausbau ganz neue Wege geben, auf denen die Bäume uns Menschen ihre unermesslichen Schätze schenken.

Mit diesen Gedanken im Kopf und dem Gefühl im Herzen begann eine Suche, die mich und meine Familie an die Grenzen führte. Ich wusste, es muss etwas geben, hatte aber keine Ahnung, wie ich dorthin gelangen konnte. Zuerst besuchte ich alle Universitäten, sprach mit den Professoren, die Holzlehrstühle innehatten, und ging jeder interessant klingenden Spur nach. Als Nächstes stellte ich einen diplomierten Holztechniker an und gründete damit unsere Forschungsabteilung für Naturholzverarbeitung – obwohl wir das Geld dafür kaum zusammenkratzen konnten. Meine Suche brachte mich quer durch Europa und bis nach Russland zu den Resten der noch erhaltenen nordrussischen Holzbaukunst. Zu Hause experimentierten wir mit allen möglichen Block- und Holzskelettaufbauten. Der Stein der Weisen wurde aber trotz universitärer Begleitung nicht gefunden.

Die finanzielle Situation des Unternehmens wurde immer schwieriger. Alle verfügbaren Mittel hatte ich in die Entwicklungsprojekte gesteckt, dabei unendlich viel gelernt, aber keine umsetzbare Lösung gefunden. Unterdessen wurde auf den Märkten der Druck, winddichte Konstruktionen herzustellen, immer größer. Ich wollte unsere Blockhäuser aber nicht mit Plastikfolien als Dampfsperren einhüllen. Wenn ich das mache, ist das Wichtigste, die Energie der Bäume, verloren. Das war meine Überzeugung.

Auch privat wurde es immer enger. Urlaub gab es nur im Zelt und am Lagerfeuer. Die Familienkassa war inzwischen auch ziemlich leer. „Wie sollen wir das überstehen?" Die Frage stand unausgesprochen im Raum. Unsere Kinder waren eine wunderbare Hilfe. Ein gemeinsamer Abend am Lagerfeuer, ein Tag beim plätschernden Bach genügte als Luxus voll und ganz. Sie stellten keine Ansprüche und stärkten mich mit ihrem Glück, das sie in jedem Augenblick finden konnten.

In dieser Situation passierte wieder einmal etwas Unvorstellbares. Nach einem intensiven Traum wachte ich um vier Uhr morgens auf. „Mein Gott, was war das? Wenn ich das nicht sofort aufzeichne und aufschreibe, dann ist es weg. Ich kann mir das unmöglich so merken." Ich sprang aus dem Bett. Meine Frau erwachte und fragte: „Erwin, ist was, ist Dir nicht gut?" Normalerweise schlief ich ja bis zum Morgen durch. „Nein, alles ist gut", antwortete ich voller Freude, „ich hab' es, ich hab' es und muss es aufschreiben! – „Was habe ich für einen Mann geheiratet", murmelte sie und drehte sich um zum Weiterschlafen.

Ich aber lief in die Küche, setzte mich zum Ahorntisch und begann zu schreiben und zu zeichnen. Unglaublich, ich habe bis ins letzte Detail die Lösung, die ich jahrelang suchte, geträumt. Genau so werden wir in Zukunft unsere Häuser bauen.

Dicke, massive Holzwände, aus vielen Lagen von kreuz und quer gelegten Brettern und Pfosten. Das alles wird nicht verleimt, sondern mechanisch mit staubtrockenen Dübeln verbunden. Dübel, die aufquellen, stark und unwiderstehlich, sobald sie in die neue Umgebung eindringen und dort, wo es ein klein wenig feuchter ist, diese Feuchte aufnehmen.

Ich staune heute noch, die Feuchtedifferenz, die verschiedenen Dübelraster, die wir ausprobieren müssen, Verbindungsdetails zwischen Wand-, Dach- und Deckenelementen: Ich habe einen ganzen Detailkatalog sowie das nötige Forschungs- und Entwicklungsprogramm einfach geträumt. Als meine Frau gut zwei Stunden später erwachte und in die Küche kam, staunte sie nicht schlecht. Ich saß inmitten von handgeschriebenen Zetteln und Skizzen.

„Was ist denn mit Dir los?", lachte sie. Ich lachte auch erleichtert, nein, ich habe nichts vergessen. Dieser Traum ist auf Papier festgehalten. „Ich glaub', ich weiß es jetzt, wie wir die besten Häuser bauen können. Ich habe es einfach geträumt. Wie gibt es das, jahrelang suche ich, experimentieren wir alle und dann kommt die Lösung in einem einzigen Traum?" Beim nachfolgenden Frühstück hatte ich noch keine Ahnung, dass ich soeben meine erste, umfangreiche Patentschrift verfasst hatte.

Nach dem langen Prozess der Patentierung wurde diesem Traum in ganz Europa, Amerika, Russland und auch in einigen asiatischen Ländern das Patent erteilt, die Neuheit der Erfindung bescheinigt.

Beim Schreiben dieser Zeilen, 14 Jahre später, sind bereits über 1000 Bauten in über 30 Ländern mit der erträumten Technologie entstanden. Wir nannten die Bauweise „Holz100", weil sie zu hundert Prozent aus Holz besteht. Energieautarke Häuser, ohne Abhängigkeit von komplizierter Technik, die sonnenbetriebene Fabrik, Bauen im Kreislauf nach dem Vorbild der Bäume selbst – all das konnten wir umsetzen.

Aber bis dahin war es noch ein langer Weg. Am Morgen nach dem Traum war mein Herz voller Begeisterung. Gott sei Dank hatte ich keine Ahnung davon, was alles zu tun ist, bis aus einem Traum Wirklichkeit wird. Wer weiß, ob mein Mut gereicht hätte, wenn mir der Weg der nächsten Jahre jetzt schon bekannt gewesen wäre.

So aber ging es gleich ans Ausprobieren. Die ersten Experimente eines Traumes sollten rasch beginnen.

Vom Traum zum Versuch

Zuerst war es trotzdem nur ein Traum, von dem ein Stapel beschriebener Papierseiten geblieben ist. Ich fuhr zu unserer Hoblerei und wartete, bis die vier Arbeiter Pause hatten. Dann setzte ich mich dazu und erzählte nebenbei von einer Idee, die ich ausprobieren wollte. „Mondholz-Massivholzelemente, nur mit Holzdübeln zusammengehalten, das geht doch nie", meinte einer. „Na ja", überlegte der Vorarbeiter, „zumindest heben können wir so etwas mit unserem großen Stapler. Aber wie bringen wir so lange Dübel in das Holz hinein?" Wir überlegten gemeinsam hin und her. Auch der Platz in der kleinen Werkstatt reichte für so große Elemente überhaupt nicht. Hier war alles eingeteilt für die Bretterstapel, aus denen Fußböden, Schalungen und Tischlerholz entstehen. Zwei Wochen später waren wir daher vorübergehend in der Garage des benachbarten Fuhrunternehmers eingemietet.

Auf selbst angefertigten Böcken legten wir die Brettlagen kreuz und quer zum erträumten dicken Wandblock zusammen. Mit selbst geschweißten Klemmen wurde das Ganze zusammengepresst. Nun galt es, die Löcher zu bohren. Wie viele? Ich wagte es nicht, zu verraten, dass ich die ungefähre Zahl geträumt hatte. „Wir probieren einmal so gut 20 Dübel je Quadratmeter!"

Mattrote Buchendübel hatten wir vorher, dem Traumprotokoll entsprechend, angefertigt. Sie lagen bereit. Mit einem riesigen Schlögel, wie er von den Bauern zum Einschlagen der Zaunpfähle verwendet wurde, trieben wir das harte Buchenholz, Zentimeter für Zentimeter, rund und eng, in die vorgebohrten Löcher. Es klappte, die Dübel hielten den wuchtigen Schlägen stand. Sie brachen nicht, sie splitterten nicht. Vielmehr drangen sie Schlag um Schlag in das weichere Fichtenholz ein, bis die ganze Länge der Hartholzstäbe verschwunden war. Ich bemühte mich, dabei ruhig zu bleiben. Aber die Aufregung war groß. Es geht, es funktioniert, mein Gott, was wird das für eine wuchtige, unverrückbare Wand, die dennoch so herrlich hölzern duftet!

Schwer, für uns kleine Menschen unverrückbar schwer, lag der Block auf den Unterlagen. Die Breite der Platte orientierte sich an der Höhe eines Raumes. Das ergab für die ganze Platte rund 3 Meter in der Breite, dann 6 Meter Länge und eine Stärke von über 30 Zentimeter. Jetzt wollten wir es wissen. Eine Auffahrtsrampe für den Zehn-Tonnen-Stapler wurde improvisiert. Die Arbeiter lachten. Wer ist das Versuchskaninchen, das mit dem Stapler vielleicht durch den verdübelten Klotz bricht?

Der Stapler setzt sich in Bewegung. Gas, Schwung, und schon steht er oben auf unserem ersten Holz100-Element. Juhu, nichts tut sich! Eine ganz leichte Biegung, die elastisch in die Ausgangslage zurückgeht, sobald das Fahrzeug wieder herunterrollt. Mein Herz klopft. Ich kann es noch nicht ganz begreifen. Es hält!

Für den nächsten Tag besorgte ich im Lagerhaus einen handelsüblichen Rasenberegner. „Jetzt wässern wir es ein." Der große Stapler hievte das Wandelement ins Freie. Dort wurde es nun einige Tage lang beregnet. Es sollte ruhig durch und durch nass werden. Nasses Holz quillt. Das muss ein Bauelement aushalten.

Jeden Tag sahen wir nach. Nach einigen Tagen war klar, die Deckbretter wölben sich zwar auf, aber das Gefüge hält, als wäre es ein zusammengewachsenes Stück. Die haltenden Dübel quellen und wachsen mit dem umgebenden Holz mit. Das Gefüge der Querdübel entspricht ja auch demselben System, mit dem der Baum die einzelnen Schichten der Jahresringe zum mächtigen Baumstamm unauflösbar zusammenhält. Quer durch die stehenden Jahresringschichten gibt es dort liegende, dübelartige Verbindungszellen. Nur in einem ist uns der Baum immer noch überlegen: Die Zahl dieser „Dübelzellen" entspricht im Baumstamm genau den jeweiligen statischen Anforderungen.

Bei unseren Holz100-Elementen begannen wir mit der erträumten Zahl. In einem mehrjährigen Forschungsprojekt, gemeinsam mit zwei technischen Universitäten, ist es dann gelungen, EDV-Programme zu entwickeln, die die Anzahl der Dübel annähernd an die angreifenden Kräfte im Haus angleichen. Trotz aller wissenschaftlichen Arbeit benötigen wir immer noch eine größere Anzahl an geschätzten Sicherheitsdübeln als der einfache Baum. Sein Optimierungssystem ist noch exakter. Es fühlt feiner als unsere modernsten Computerrechenmodelle. Nicht nur in unserer Forschung erlebten wir ständig die beeindruckende Genialität der Naturkonzepte. Es hat sich ein eigener Wissenschafts- und Forschungszweig, die sogenannte Bionik etabliert.

Die Natur hatte einfach viel mehr Zeit – oft Jahrmillionen –, um eine Lösung zu entwickeln, viele Möglichkeiten auszuprobieren und schlussendlich jene Form, die immer wieder verbessert wurde, die immer wieder alle Belastungen überlebt hatte, zur verbreiteten Anwendung kommen zu lassen. Dieses Wissen zu beobachten und für menschliche Anwendungen einzusetzen, nennt man Bionik. Die Bionik führt uns Menschen in die geheimnisvollsten Zonen der Pflanzen- und Tierwelt. Die Erfindungen der Natur aufzuspüren und für uns Menschen zu nutzen, ist das Ziel dieser Disziplin. Als anerkannte wissenschaftliche Disziplin ist die Bionik jung. Doch in Wahrheit haben große Erfinder und Denker der Menschheit immer schon geniale Lösungen in der Natur studiert.

Als historischer Begründer dieser Denkweise wird Leonardo da Vinci genannt. Er hat den Vogelflug studiert und versucht, aufbauend darauf, erste Flugmaschinen zu konstruieren. Die Menschen waren damals felsenfest überzeugt: Der Mensch ist ein Erdenbewohner, der niemals in die Luft abheben wird. Der Visionär Leonardo da Vinci hat seinen Blick aber zu den Vögeln am Himmel gelenkt. Präzise studierte er ihren Flug, ja er musste jede Bewegung dieser Tiere der Lüfte verinnerlicht haben. So lange lebte er sich ganz in die Flügelschläge hinein, bis er als erster

Mensch eine Flugmaschine auf das Papier zeichnen konnte. Das ist Bionik pur. Da Vinci hat durch die Beobachtung von Lösungen in der Natur als Erster die Denkbarriere des Menschen zum Fliegen durchbrochen. Otto Lilienthal und die Brüder Wright haben dann ihre ersten fliegenden Prototypen nach dem Flug großer Vögel konstruiert und laufend verbessert. Ihnen war es vergönnt, einem Vogel gleich, vom Erdboden abzuheben. Später wurden Tragflächen moderner Großflugzeuge, wie zum Beispiel die Boeing 757, nach den Flügelspitzen großer Vögel wie Adler, Bussard etc. verbessert. Ältere, starre Flugzeugtragflächen verursachten einen großen Luftwirbel an den Enden. Das benötigt viel Treibstoff. Die Vögel mit ihren elastischen Handschwingen erzeugen hingegen viele kleine Wirbel, deren Widerstand sich zum Teil gegenseitig aufhebt. Diese Erkenntnis wurde durch das heute angewandte Schleifenprofil am Ende der Tragflächen umgesetzt. Die Treibstoffersparnis der Flieger liegt bei fünf bis sechs Prozent. Viele, heute selbstverständliche Dinge sind aus der reinen Naturbeobachtung entstanden. Der Fallschirm wurde nach dem Vorbild der Frucht des Wiesenbocksbarts entwickelt. Der Klettverschluss wurde Anfang des 20. Jahrhunderts vom Schweizer Wissenschaftler George de Mestral nach dem Vorbild der Klette entwickelt. Die Haut des Haifisches ist nicht glatt, unter dem Mikroskop zeigen sich unzählige aneinandergereihte Mikroschuppen mit feinen Rillen in Strömungsrichtung. Das Ganze erinnert an ein grau verwittertes Holzschindeldach auf einer Berghütte in den Alpen. Versuche haben gezeigt, dass diese Oberfläche mit den scharfkantig gerillten Schuppen den geringst möglichen Strömungswiderstand erzeugt. Aufbauend darauf wurden Mikroschuppenfolien entwickelt, die heute ebenfalls treibstoffsparend im Flugzeugbau eingesetzt werden. Wer sich in die Natur begibt, der lernt beim allerbesten Meister!

In der Medizintechnik wurden zum Beispiel Implantate wie künstliche Gelenke nach bionischen Vorbildern optimiert. Wem es gelingt, das statische System einer Astgabel mittels Software zu programmieren, die dann zum Beispiel ein künstliches Kniegelenk optimiert, kann bei gleicher Leistung das Implantat verkleinern oder leichter bauen. Mit solchen Programmen wurde und werden im Automobilbau Karosserien leichter und effizienter gebaut. So gesehen, konstruieren die Bäume neuerdings schon unsere Autokarossen.

Die statische Form einer Astgabel ist im Vergleich zu den allermeisten menschlichen Konstruktionen wesentlich besser optimiert. Jede einzelne Zelle sitzt am richtigen Ort, hat die genau passende Zellwandstärke. In dieser Feinheit, den Aufwand an die Wirkung anzupassen, ist und bleibt die Natur der beste Lehrmeister!

Die Aufnahmeprüfung in diese Schule bestehen nur jene, die bereit sind, zu beobachten und die eine ganze Menge Demut und Bescheidenheit mitbringen. Das „Titanic-Denken" der Menschen, die glauben, sie selbst sind es, die die besten Lösungen erfinden, wird in der Schule der Natur schnell widerlegt. Wer aber sein Herz öffnet, wer bereit ist zum Staunen, zur Dankbarkeit und zum Umsetzen, wird seine Träume erfüllen. Da Vinci hat von fliegenden Menschen geträumt. Heute fliegen wir dank all der Flugpioniere, aber auch dank Adlerschwingen und Haifischhaut mühelos von einem Kontinent zum anderen.

Lasst uns jetzt den nächsten Traum umsetzen. Die Sprache der Natur erzählt uns von Häusern, die gleich dem wunderbaren Ameisenhaufen ohne Energiezufuhr klimatisiert werden, von Häusern, die ihre Bewohner durch die Kraft der Bäume gesund erhalten und machen, von einer Menschheit, die aufhört, die Natur zu zerstören und ihre Wirtschaft wieder in den Kreislauf der Natur zurückführt.

In dieser Vision sind Menschen kerngesund, weil sie die Kräfte der Natur direkt in ihr Leben tanken. Es gibt Überfluss an Sonnenenergie, an Lebensmitteln und an allen Materialien, weil wir endlich von der Wegwerfgesellschaft zur Kreislaufgesellschaft zurückgekehrt sind. Es gibt wieder mehr Gerechtigkeit, weil wir wieder gelernt haben, uns regional gut zu versorgen und keine Nord-Süd-Ausbeutung betreiben.

Wer einen Baum umarmt, die Erde küsst und täglich lacht, lebt in einer Welt mit mehr Vertrauen, Liebe und Dankbarkeit. Angst, Einsamkeit und Krankheit werden auf diesem Weg immer weniger.

Das sind keine schönen, weltfremden Worte, sondern Wege, die wir sofort gehen können. Öffnen wir unsere Augen, wir sind ja umgeben von gelebten Beispielen, die wir nur nicht sehen.

Der Ameisenhaufen ist nicht nur ein klimatechnisches Wunderwerk, in dem es die Insekten schaffen, die Temperatur in ihren Brutkammern konstant und um bis zu 15 Grad Celsius höher zu halten als die Außentemperatur. Auch die Luftfeuchte und der Kohlendioxid-Gehalt werden dort genau geregelt. Es herrscht peinlichste Sauberkeit, Arbeitsteilung und ein hoch entwickeltes soziales Leben.

Bei der Erfüllung all dieser Leistungen benötigt der Ameisenbau keine Energiezufuhr von außen. Es gibt keine Strom-, Gas- oder Erdölleitung. Es gibt aber auch keine Müllabfuhr und keinen Abfall. Das Volk der Ameisen lebt die perfekte Kreislaufwirtschaft.

Uns Menschen wird ständig eingeredet, wir belasten die Erde so sehr, weil wir zu viele geworden sind. Sieben Milliarden Menschen könne die Erde nicht tragen. Wenn alle sieben Milliarden Mitmenschen gut leben wollen, dann müssen uns ja die Rohstoffe ausgehen und das Klima kippen. Ungeheuerlich, wie falsch und verlogen hier Angst erzeugt wird.

Nur ein Vergleich dazu:

Das Lebendgewicht aller Ameisen auf der Erde wurde von Biologen errechnet. Es ist sechs Mal so hoch wie das Gewicht aller sieben Milliarden Menschen. Unglaublich, wie verborgen diese Insekten in so großer Zahl auf der Erde leben und wirken. Wenn sie in beinahe unvorstellbarer sechsfacher Lebendgewichtmenge die Welt bevölkern, warum sagt dann niemand, dass die Welt nicht so viele Ameisen ernähren kann? Warum soll nur ein Sechstel an Menschen die Erde und ihre Ressourcen bereits überfordern? Die Wahrheit ist, dass wir nicht zu viele Menschen sind, sondern einfach nur das falsche Lebenskonzept haben. Würden wir wie die Ameisen alles, wirklich alles, was wir verwenden, als wieder verwertbaren, kostbaren und unvergifteten Rohstoff hinterlassen, würden wir energieautark bauen und leben, dann könnte Mutter Erde leicht noch viel mehr Menschen ein erfülltes, würdiges Leben in Freude und Nachhaltigkeit bieten.

Warum finden wir diese Aufgabe, den Bau einer energieautarken Schule, eines Krankenhauses oder Kindergartens in keiner öffentlichen Ausschreibung? Die Technik, das Wissen dazu, ist heute vorhanden. Die Musterbauten, die das können, sind längst errichtet.

Wie lange wird es noch dauern, bis die Menschen von der Weisheit der Ameisen lernen?

Doch damit zurück in die Garage, in der wir damals vor dem Prototyp unserer – nach Ameisenvorbild – reinen Holzwand gestanden sind.

Vom Traum sind wir dorthin geschickt worden. Wer spricht da im Traum zu uns Menschen?

All diese Gedanken beschäftigten uns damals noch nicht. Nach den ersten Selbstversuchen kamen trotz des Erfolges auch Zweifel: Wie soll die Entwicklung weitergehen? Können wir uns das leisten? Was ist, wenn später etwas nicht klappt, sich später unlösbare Probleme zeigen? Wenn wir jetzt alle bescheidenen Mittel, die wir haben, in diese Entwicklung stecken, dann werden wir völlig abhängig vom Gelingen des Projektes. Ein Scheitern würde uns wirtschaftlich ruinieren. Kann ich es verantworten, nur wegen eines Traumes, einer Vision mit meiner kleinen Firma so weit in das Risiko hineinzugehen? Es geht ja nicht um mich allein, sondern um meine Familie, meine Mitarbeiter und deren

Familien, um alle Menschen, die uns vertrauen. Ein Scheitern wäre nicht auszudenken.

Heute weiß ich es. Unser größter Schutzengel damals und heute liegt technisch gesehen in der Bionik. Das erträumte System entspricht, statisch vom Aufbau her gesehen, dem Zellaufbau des Baumes. Die stehenden Jahresringschichten des Baumes werden hier bei der geträumten Wand durch Brettlagen dargestellt. Die Verbindungen, unsere Holzdübel entsprechen genau den stabilisierenden Markstrahlen der Bäume. Das ganze System wird durch baumgleiches, eigenes Material ineinander verwoben und gehalten. Es ist das Statikprinzip, das die Natur nach der ganzen erdgeschichtlichen Erfahrung für ihre größten Pflanzenbauwerke, die Bäume, ausgewählt hat. Darin liegt rein technisch gesehen wohl das Geheimnis verborgen, dass wir eigentlich überhaupt keinen Grund zur Sorge gehabt hätten.

Nach der Beregnung legten wir unser Versuchselement noch in die Trockenkammer und fuhren die Temperatur auf 70 Grad Celsius hoch. Jetzt hieß es raus aus dem Wasserbad und hinein in die Wüste. Auch dort hielten die Dübel, was wir uns erhofft hatten. An den Decklagen der Oberfläche blieb zwar eine leichte Wölbung und nach zwei, drei Wochen in der Hitze bildeten sich zwischen den Decklagen Fugen. Der Halt der Wand aber war ungebrochen. Wie am ersten Tag konnten wir die mit Wasser und Hitze bearbeitete Wand als Brücke auf zwei Auflager legen und wieder mit dem schweren Stapler drauffahren.

Damit waren unsere Selbstversuche abgeschlossen. Jetzt würde es wirklich ernst werden. Die teuren Experimente und Zertifizierungen in den akkreditierten Prüflabors beginnen. Wir müssen jetzt vor der Wissenschaft bestehen können.

Es brennt nicht

Alle bisherigen Erfahrungen stärkten unseren Mut. Wir begannen, die großen Prüfungen in externen Labors vorzubereiten. Ich wusste zu gut: Die größte Hürde für den Baustoff Holz war der Brandschutz. Mein Weg führte mich daher in ein europaweit akkreditiertes Labor, das im Großversuch die Feuerbeständigkeit unserer Wände und Decken prüfen sollte. Ziel war ein Brandschutzzertifikat mit möglichst langer Brandwiderstandszeit. Bevor wir in das Labor gehen, wollen wir aber noch einen Ausflug in den Wald machen. Was geschieht dort, wenn Holz und Feuer zusammenkommen?

Die schlimmste aller Naturkatastrophen, die der Lebensgemeinschaft von Pflanzen und Tieren, den unzähligen Milliarden Insekten, den Mikroorganismen im Wald nur zustoßen kann, ist nicht der Orkan, der plötzlich nach Jahrhunderten den größten Baum knickt und oft in ganzen Waldstrichen die Stämme zu Boden drückt, als wären sie haltlose Streichhölzer. Es ist auch nicht die grausame Wucht von Lawinen, die alles, was sich in ihren Weg stellt, niederreißen und vernichten. Nicht einmal das Hochwasser, Flüsse, die über Nacht ihre Auwälder in die erstickend braunen Wassermassen eintauchen, sind so schlimm wie der eine, alles verzehrende Feind der Wälder.

Lawinen und Stürme können trotz aller Gewalt nur die Hochaufragenden erwischen. Gegen das Nachgeben, gegen das Kleine, im Verborgenen Gedeihende sind selbst diese augenblicklich entfesselten Kräfte machtlos. Das Hochwasser erreicht nie alle Kronen der Bäume. Es durchflutet und erstickt todbringend genug den Bodenraum. Die Kronen, alle Hügel und Anhebungen werden kaum von dieser Heimsuchung erfasst. Wer dringt überall hin? Wer vernichtet von der Humusauflage bis zum Wipfel? Wer verzehrt, erstickt und verkohlt, was er nur fassen kann? Es ist das Feuer, der Waldbrand, der mit der fürchterlichen Fähigkeit, in jeden Winkel sengend hineinzukriechen, in unsere Wälder bricht. Brände können sich quadratkilometerweise in locker ausgetrockneten Humus metertief hineinfressen, das Wurzelwerk der Bäume zerstören. Die leckenden Flammen tun sich dann und wann mit dem Wind zusammen. Lange, sehr lange warten sie gemeinsam, bis die seltenen Trockenperioden den Wäldern die letzten Wasserreserven auszehren. Wehe, wenn die Luft vor Hitze flimmert, die Flechten an den Bäumen wochenlang in Dürre rascheln, lautlos alles in Trockenheit steht, wehe, wenn sich dann diese beiden zusammentun, unvermittelt auftauchen!

Entfachte Funken brausen zur donnernden Flammenwalze auf, die der Wind gnadenlos durchs Geäst treibt. Erstickenden Qualm schicken sie voraus. Im Jagdgalopp rasen die Flammen hinterher. Da bleibt kein Winkel zum Überleben. Kein Vogelnest in luftiger Höhe, kein zartes Pflänzchen im geborgenen Wurzelanlauf ist geschützt. Allgegenwärtig vernichtet diese Flammenhitze. Wer jetzt nicht rennen kann, im großen Bogen weg von der fortrollenden Feuerlinie, der ist verloren.

In keinem Augenblick sind Regentropfen erlösender auf dieser Welt. Wasser allein kann die Verheerung beenden, die sonst frisst, bis sie nichts mehr findet. Schwarz verkohlte Landstriche, Berghänge werden hinterlassen. Grausam verbrannte Erde, in der das Leben neu beginnen muss. Ist alles tot, alles verbrannt?

In jeder Katastrophe gibt es diese Wunder, die Zufälle, von denen die Evolution lernt, manches Mal sogar Ideen und Konzepte daraus findet, die sich in Zukunft zum Weiterleben nach dem Schrecklichen bewähren werden.

In den Wochen nach dem Brand eines alten Waldes blickt man in die unheimlichen Reste, die schwarzen Ruinen der einst so stolzen Waldherren. Alles Feine, Verzweigte, das Luftige und Fröhliche wurde hinweggerafft. Geblieben sind nur die trutzig verkohlten Stammbollwerke mit ihren hilflos verstümmelten, fingerlosen Armen. Wer wird da nicht von Beklemmung befallen. Ein stilles Grausen ergreift jeden Betrachter der sinnlosen Vernichtung. Der Borkenkäfer, der den Baum vernichtet, der sich hineinfrisst, wird wenigstens satt daran. Sein Liebestaumel, die Brutaufzucht, all das folgt erkennbar seinem Käfersinn. Wenn er uns auch Schaden macht, der Paarungsflug der Käfer birgt die Frühjahrslust der Liebe in sich. Was ist mit den gierig leckenden Feuersflammen? Wem dienen pechschwarze Reste der Waldgemeinschaften? Mit Menschenaugen betrachtet, führt uns der Waldbrand in trübe Gedanken. Trotzdem geschieht auch hier etwas Unerwartetes. Jeder Feind zwingt uns zu Wachstum, Erfindergeist und fantasievoller Veränderung. Je furchtbarer der Feind, desto größer wird der Druck, neue Wege zu finden. Die Überraschung an den verkohlten Stämmen lässt nicht lange auf sich warten. Während zu ihren Füßen alles Gestrüpp, die Sträucher und Bäumchen restlos zu Asche verwandelt worden sind, zeigt sich an einigen Baumriesen, in seinen Achseln, aus mancher Rindenfurche ein neuer grüner Trieb. Zögerlich und doch mit diesem ganzen Verlangen des jungen Lebens sprießt es auf, grün und wieder grün in der vermeintlich schwarzen Leblosigkeit.

Was ist geschehen? Gerade die dicksten, ältesten der Stämme, deren natürliches Lebensende schon näher war als all der Stangenhölzer, der mittelalten Zukunftsträger der Baumgemeinschaft, die Alten sind es, die jetzt mit dem Wiederaufbau beginnen. Sie können am unbekümmertsten nach der Höllenbrunst neues Leben auf ihre knorrigen Äste zaubern.

Wer Millionen Jahre lang mit dem Feuer gelebt hat, wer der Futtergeber für all die Feuer auf der Erde ist, hat gelernt, selbst mit dem vollen Brandangriff so umzugehen, dass es auch danach ein Leben gibt. Das wütende Feuer, das so viel im Wald zerstört hat, konnte an einen Ort nicht vordringen. Die dicken Stämme mit ihren Borkenrinden, die tiefen Pfahlwurzeln darunter wurden von der Hitze nicht erreicht. Jetzt, da wir über die verzweigte innere Struktur des Holzes Bescheid wissen, verstehen wir es. Um mit ihrer Hitze in den innersten Kern eines dicken Baumstammes zu gelangen, müsste die volle Feuerwalze über einen Monat lang mit ganzer Wucht rund um diesen Stamm toben. So viel feinen Brennstoff gibt es hier gar nicht. Die wenigen Stunden des Vollbrandes rund um einen Baum reichen oft nicht einmal aus, die Hitze durch die dicke Borkenrinde zu schicken. Im Inneren des Baumes ist der geschützte Ort für neues Leben. Holz brennt gut, wenn es dünn, verzweigt, durchlüftet ist. Der dicke Stamm brennt nicht. Hier an der Stätte nach dem Waldbrand, am Ort der neu austreibenden Riesen, erkennen wir den großen Sinn, der hinter nicht brennenden Holzklötzen steht. Diese Weisheit der Bäume ist auch für uns Menschen nutzbar und äußerst praktisch. Leben wie im Inneren des dicken Baumstammes. Ein Haus mit dicken Vollholzwänden müsste eigentlich genauso brandsicher sein wie jene alten Stämme der Hochwälder. Auf ins Brandlabor. Das wollen wir jetzt genau wissen.

Der Leiter des Institutes empfing mich zum vereinbarten Vorbereitungsgespräch. Ich hatte ein Musterstück der Wand mit. „Aha", meinte der Techniker, „eine Holzwand, da werden wir einen F30-Test durchführen!" – „Nein, bitte keinen F30-Test, ich will wissen, wie lange die Wand dem Feuer überhaupt standhält", war meine Antwort. Er blickte mich herablassend an. „Ich bin seit über 20 Jahren hier am Institut. In der Zeit habe ich alle nur möglichen Holzkonstruktionen geprüft. Noch nie hat eine Wand länger als 30 Minuten unsere 1000 Grad heiße Prüfflamme ausgehalten."

Ich wusste, dass er trotz aller Erfahrungen zum ersten Mal so eine dicke Vollholzwand vor sich hatte. Und ich erinnerte mich an meine Kindheit, an einen Hackstock, der nicht brennen wollte ...

Nach einigem Hin und Her vereinbarten wir eine Prüfung, bei der unsere Wand so lange beflammt wird, bis sie unter der Brandlast versagt. Versagen bedeutet, entweder die Tragfähigkeit zu verlieren und durchzubrechen oder auch nur Rauch oder Hitze durchzulassen.

Einige Zeit später wurden unsere Prüfwände antransportiert. Ein Element, 3 x 3 Meter, wurde rundherum eingemauert. Die Prüfflamme ist ein riesiger Ölbrenner, der nicht nur einen Punkt, sondern die ganze Fläche gleichmäßig der zerstörenden Hitze aussetzt.

Diese Großversuche waren äußerst spannend. Für uns ging es um alles. Wir konnten uns keine Versuchsserien leisten. Der eine Versuch musste gelingen.

Die Wand war eingebaut, der Brenner startbereit und alle Messsonden auf der unbeflammten Seite angebracht. Endlich kam das Startsignal. Mit Getöse setzte sich der Brenner in Gang. Der Rauch wurde durch ein riesiges Rohr abgesaugt. Mir blieb jetzt nichts anderes als abzuwarten, den quälend langsamen Gang des Uhrzeigers zu beobachten. Es geschah nichts. Der Brenner rauschte, die Messstellen an der Außenseite zeigten keinen Temperaturanstieg und der Zeiger der großen Uhr an der Wand kroch gemütlich dahin. Nach einer Stunde erschien der Institutsleiter, hob verwundert die Augenbrauen, besichtigte alle Vorrichtungen und Messstellen, um wieder wortlos zu verschwinden. Nach dieser Stunde stieg meine Stimmung von Minute zu Minute. Kurz bevor der Zeiger dann zum zweiten Mal die Runde schließen wollte, hörten wir ein komisches Geräusch und dann Stillstand des Brenners. Was war los? Es stellte sich heraus, dass das Öl im Brenner leer war. Niemand hatte damit gerechnet, dass mein dicker Holzklotz, diese unverwüstliche Wand vom verheerenden Feuer nicht niedergerungen werden konnte. Der Institutsleiter blieb aber fair. Auf seine Kosten wurde der Versuch wiederholt. Beim zweiten Anlauf war der Brenner voll gefüllt und wir erhielten ein für uns unvorstellbares Zertifikat für F180. Drei Stunden Brandsicherheit gegen die wildeste Flamme! Erst nach über drei Stunden war Rauch durch die Wand gequollen. Die statische Tragfähigkeit war immer noch erhalten. Das war gegenüber den bis dahin üblichen und bekannten F30 bei Holzbauten eine Verbesserung der Brandsicherheit um das Sechsfache!

Das war aber noch nicht alles. War es ein Zufall, dass genau an diesem Tag daneben Versuche mit Stahlbetonplatten gefahren wurden? Mit derselben 1000 Grad heißen Flamme wurde auf die Betonplatten gebrannt. Nach 15 bis 20 Minuten hörten wir es krachen. „Jetzt brechen durch die Hitzespannungen die ersten Schichten weg", erläuterte der Techniker. „Das wird interessant, weil dabei meistens die Stahlarmierung direkt beflammt wird. Jetzt müssen wir schauen, wie schnell die Hitze durch das Element durchkommt. Entlang der Armierung glüht es da förmlich durch den Beton durch!" Tatsächlich war die Betonplatte nach einer halben Stunde auf der uns zugewandten, unbeflammten Seite an einigen Punkten bis zu 600 Grad Celsius heiß geworden. „In diesem Zustand würde das Feuer fortschreiten, ohne dass die Flammen durch den Beton dringen. 600 Grad Hitze an der Wand reichen zur Entzündung von Textilien, zum Schmelzen von Kabeln, für Kurzschluss bei Elektroleitungen und so weiter. Außerdem wird jetzt der Stahl weich. Wenn sich diese Temperatur im Beton flächig ausbreitet, wird er bald auch statisch versagen!"

Das alles geschah beim vermeintlich unbrennbaren Beton in nur einer halben Stunde, während unsere ähnlich dicken Holzwände drei Stunden dem Feuer standhielten.

Es war eine Sensation. Die technisch gesehen noch größere Überraschung zeigte sich aber im Temperaturverhalten des Holzes. Während die Betonplatten an den Stellen der durchgehenden Stahlarmierung bereits nach einer halben Stunde bis zu 600 Grad Hitze an die Außenseite durchließen, blieb das Holz ein undurchdringbarer Hitzeschild.

Nach drei Stunden mit 1000 Grad Beflammung war der wärmste Punkt an der Außenseite der Holzwand nur um +1,8 Grad Celsius wärmer geworden. Eine kaum wahrnehmbare Veränderung, während innen drei Stunden lang die Feuersbrunst tobte.

Liebes Holz, was kannst Du alles? Dicke Baumstämme, die nach dem Waldbrand wieder austreiben, kommen einem in den Sinn. An diesem Tag erhielt ich nicht nur das ersehnte Brandschutzzertifikat, sondern auch den wissenschaftlichen Beweis dafür, dass eine Massivholzwand der statisch belastbare Baustoff ist, der am langsamsten seine Temperatur verändert. Ob Hitze oder Kälte, jede extreme Temperatur wird von dickem Holz perfekt abgeschirmt.

Der Specht, der sich am nördlichsten Polarkreis eine Höhle in den Baum hackt, um dort mitten im Holz warm zu überwintern, ist gar nicht dumm. Nur wir Menschen in der Bauwirtschaft hatten bis dahin noch nicht erkannt, wie genial volles Holz ist.

Bereits in den 1950er- und 1960er-Jahren wurde die extreme Hitzebeständigkeit von Holz erkannt und spektakulär genutzt. Damals betrieben die Russen in der ehemaligen Sowjetunion ihr Weltraumprogramm unter dem Namen Sojus. Die Sojus-Raketen hatten außen keine Keramikkacheln als Hitzeschutz, sondern hölzerne Lamellen montiert. In den Minuten, in denen die Rakete durch die Atmosphäre geschossen wird, erhitzt sich die Außenfläche auf weit über 1000 Grad Celsius. An den russischen Raketen wurde diese Hitze mühelos von relativ dünnen Vollholzlamellen abgehalten. Die einzigartige thermische Trägheit von Holz ist ein Geschenk, das uns einige Jahre später geholfen hat, die ersten energieautarken Häuser zu bauen, ohne Dämmstoffe und aufwändige Haustechnik zu benötigen. Wochenlange Temperaturspeicherung und die ganz, ganz langsame Veränderung der Temperatur von Massivholzwänden und -dächern können die komplizierte Technik herkömmlicher Passivhäuser auf natürliche Weise ersetzen. Vorerst aber feierten wir in Goldegg. Den Bäumen vertrauen, seinen Träumen folgen, das Gefühl spüren, was für eine Freude diese Arbeit geworden ist.

Der Specht im Baum

Der Specht ist ein schlauer Bursche. Im Winter friert er nicht und im Sommer schwitzt er nicht. Die Wohnung in seinem Baum gleicht von Natur aus alle Extreme aus.

Dieses Bild hatte ich vor Augen, als wir begannen, die thermische Trägheit des Holzes zu erforschen. An der Technischen Universität Graz fanden wir damals ideale wissenschaftliche Partner.

In den Neunzigerjahren und teilweise auch heute noch ist es Stand der Technik, den Energiebedarf eines Hauses sowie die Größe der benötigten Heizanlage ausnahmslos nur über den K-Wert (heute U-Wert genannt), den Wärmedurchgangskoeffizienten, zu berechnen. Das bezweifelten wir in unserer Goldegger Denkwerkstätte.

Hinsichtlich der Arbeiten und Simulationen zum thermodynamischen Verhalten eines Holzbaues will ich nur von einem besonders einprägsamen Erlebnis berichten.

Wir verglichen drei Wände mit annähernd gleichem Wärmedämmwert. Ein großer Fertighaushersteller hatte gerade sein erstes Passivhaus auf den Markt gebracht. Es war eine Holzskelettwand mit bis dahin unbekannt dicken Mineralwolleinlagen, verleimten Platten außen, Plastikfolie als Dampfsperre und Gipsplatten innen.

Die zweite Wand war eine 38 Zentimeter dicke Ziegelsteinmauer, porosiert, also mit möglichst vielen Löchern, um Luft einzulagern, und außen als dicke Wärmedämmung geschäumtes Styro-Material aus der Petrochemie. Diese Wand war beidseitig verputzt.

Schlussendlich gab es unsere 36 Zentimeter dicke Holzwand mit außen einer 8 Zentimeter starken Dämmung aus Flachs, damit sie auch den ähnlich guten, rechnerischen Dämmwert erreicht wie die beiden Vergleichsprodukte.

Der Versuch war einfach: Wir warteten, bis jede Wand durch und durch 21 Grad warm war. Nun wurde außen die Temperatur auf –10 Grad Celsius abgesenkt. Wir simulierten damit einen frostigen Wintertag. Innen passierte gar nichts. Im Raum dahinter, der beim Start 21 Grad warm war, wurde die Heizung ausgeschaltet und keine Energie zugeführt. Ein Zustand, als ob Sie an einem –10 Grad kalten Wintertag die Heizung ausschalten, die Rollläden runterlassen, die Haustüre zusperren und zur Oma auf Besuch fahren.

Wir wollten eines wissen: Bei gleichem Dämmwert müsste es gleich lang dauern, bis der Gefrierpunkt durch die Wand kriecht und innen den Wasserhahn abfrieren lässt. Das könnte man meinen, es kam aber ganz anders.

Die leichteste Wand, nur aus Mineralwolle, Span- und Gipsplatten, fror innen bereits am zweiten Tag, genau nach 41 Stunden. Bei der zweiten, schon schwereren Wand aus Ziegelstein dauerte dies bereits deutlich länger. Erst am elften Tag oder nach 259 Stunden wurde hier der Gefrierpunkt an der Innenoberfläche gemessen.

Die massive, reine Holzwand, das konnte sich wieder einmal niemand vorstellen, benötigte über einen Monat, genau 777 Stunden, um durchgehend auszukühlen.

Das klingt im ersten Moment widersprüchlich. Immerhin hatten ja alle drei Wände einen annähernd gleichen Dämmwert. Die Auskühlung und Temperaturveränderung einer Wand hängen aber auch noch zusätzlich von der thermischen Trägheit und ihrer Masse ab. Das Material Holz, dessen Aufbau äußerst fein vernetzt ist, sodass die innere Oberfläche von nur einem Kubikzentimeter bereits ein Fußballfeld ergibt, ist hier klar im Vorteil.

Eine Haushülle, die innen die Temperatur gleichmäßiger hält, nimmt die Heizanlage viel weniger in Anspruch. Gleichmäßigere Temperatur in der Wand und somit in der Raumluft bedeutet für die Heizung, weniger oft zu starten, anzufahren und wieder stehen zu bleiben. In Summe erspart die massive, temperaturausgleichende Holzwand im Vergleich zu einer hoch gedämmten, aber leichten Wand bei gleichem Dämmwert bis zur Hälfte des Heiz- und Kühlbedarfes, manchmal, je nach Benutzerverhalten, noch mehr.

Wer diese Eigenschaft intelligent nutzt, kann außerdem die Heiz- und Kühllastspitzen seines Hauses um mehr als die Hälfte reduzieren.

Wer die Spitzen reduziert, kommt plötzlich mit viel geringeren Heizungsanlagen aus. Und diese kleineren Anlagen begnügen sich plötzlich mit der Kraft der Sonne, die auf das Dach scheint, oder mit zwei, drei Raummetern Holz für das ganze Jahr.

Das Tor für die ersten energieunabhängigen Häuser ohne komplizierte Passivhaustechnik ist geöffnet. In den Bäumen unserer Wälder wächst die Lösung. Die Ameisen haben es uns ja bereits vorgezeigt, wie man mit reinem Holz die anspruchsvollste und unabhängigste Klimatechnik bauen kann.

Erdöl ist viel zu kostbar, um es zu verheizen, Atomstrom eine unverantwortliche Hypothek, die unsere Kinder und Enkel zurückzahlen müssen. Wer auf Holz setzt, sagt freundlich „Auf Nimmerwiedersehen" zu den umweltzerstörenden Techniken. Die Zukunft wächst im Wald.

Der Specht im Wald ist nicht dumm. Auch nach modernsten bauphysikalischen Erkenntnissen hat er sich die beste Wohnung ausgesucht. Intelligent nutzt er den genialen Baustoff Massivholz und dessen natürliche Klimaanlage. In seiner Baumhöhle, mitten im Holz, wird ihm selbst am wenigsten Energie für Heizung und Kühlung seines Hauses abverlangt.

Glücklich leben sie obendrein, Ameise und Specht in ihren hölzernen Wohnungen.

Von der Holzzelle zur Hochtechnologie

Mit diesen Versuchen und ersten Erfolgen sollte für uns alle, für meine Familie, aber auch für unsere Mitarbeiter und unsere Kunden ein Weg beginnen, auf dem zwar unbemerkt und leise, aber dennoch immer mehr die Bäume selbst die Richtung vorgaben. Wer sich ganz und gar auf die Natur einlässt, ihr Wesen verstehen und daraus handeln will, der wird behütet und geleitet.

Mit jedem weiteren Experiment, das wir mit den dicken, vollmassiven und mechanisch verbundenen Holzhauswänden und Dächern durchführten, wurden wir beschenkt und immer wieder durch neue, unglaubliche Möglichkeiten überrascht.

An dieser Stelle sollen nur einige Beispiele angeführt werden.

Da gab es in unserem Forschungszentrum die Idee, die Abschirmung hochfrequenter Strahlen durch dicke Holzwände zu prüfen. Und es gab einen Wissenschaftler, der das Thema begeistert aufgriff: Professor Peter Pauli, Hochfrequenz- und Strahlenexperte an der Universität der deutschen Bundeswehr in Neubiberg bei München. Er verfügte über das nötige Wissen und über ein Labor, in dem nun alle möglichen Baustoffe im Vergleich untersucht wurden. Das Thema war um die Jahrtausendwende aktuell genug. Immerhin errichteten Mobilfunkfirmen überall ihre Sendemasten. Das Land wurde mit einer neuen, hochfrequenten Strahlungsdichte des Mobiltelefonnetzes überzogen. Wie verhalten sich da Häuser aus Beton, aus Ziegelstein, Fertigteil- und Holzrahmenbauten und eben unsere dicken Massivholzwände?

Das Ergebnis im Kurzen: Wieder ermöglicht die höchst vernetzte Struktur des Holzes völlig unerwartete Bestleistungen. Im

Vergleich zu anderen Baumaterialien bieten Massivholzwände ab zirka 17 Zentimeter Vollholzstärke die allerbesten Abschirmwerte. Weder Ziegel noch Beton oder Leichtbaukonstruktionen konnten damals in aufwändigen Versuchsreihen auch nur annähernd so gute Abschirmwerte erreichen. Der einzige Baustoff, der in die Nähe der Holzwerte kam, war Lehm. Interessant, das ist ebenfalls ein unverändertes Naturmaterial mit feiner, innerer Struktur, die hohe Reflexionen und Brechungen der hochfrequenten Strahlen bewirkt.

Unsere Versuche wurden publiziert und das Thema Abschirmung in Häusern öffentlich besprochen. Wir bekamen plötzlich Aufträge, mit unseren Holz100-Elementen abhörsichere Gebäude für skandinavische Militärs zu bauen. Die eingesetzten 36 Zentimeter dicken Vollholzwände schirmen Hochfrequenz zu 99,99 Prozent ab! Zusätzlich wurden Spezialfenster und -türen eingebaut. Damit war das Innere vollkommen abgeschirmt und strahlendicht.

Auch ein Privatmann, der an den Börsen tätig war, ließ sich ein abhörsicheres Gebäude errichten und danach die Abschirmwirkung von Experten messen. In der Zeit, als ich noch als Förster im Tiroler Karwendelgebirge meine ersten Mondholzbäume selbst umschnitt, habe ich zwar gespürt, dass in unseren Bäumen unglaublich vieles verborgen liegt. An derartige Hochtechnologiebauten, die messbar wirken, konnte ich damals aber nicht einmal im Ansatz denken. Wer ist es, der uns hier zu seinem Werkzeug macht, sogenannte Zufälle einfädelt und unsere Wege lenkt? Bewusst planen hätte ich so etwas niemals können. Wir alle, die da mitgearbeitet haben, konnten nur unser Herz, unsere Begeisterung und Freude ganz einer schönen Aufgabe schenken. Dankbar versuchen wir daher heute, diese Geschenke vielen Menschen zugute kommen zu lassen.

Nach der Veröffentlichung unserer Strahlenabschirmwerte wurde ich oft gefragt, ob man in so einem Haus überhaupt noch mit dem Mobiltelefon telefonieren kann. Wir haben daher auch eine Reihe normal mit Holz100 gebauter Wohnhäuser untersucht. Im Durchschnitt war die Strahlungsdichte im Inneren ein Zehntel der außen auf das Haus vom nächsten Sender auftreffenden Strahlung (gemessen in Watt pro Quadratmeter). Herkömmliche Fenster und Türen lassen immer eine Reststrahlung durch. Für ein modernes Mobiltelefon reicht diese Reststrahlung zum problemlosen Telefonieren aus. In meinem eigenen Holz100-Wohnhaus, das auch mit 36 Zentimeter dicken Außenwänden gebaut ist, gibt es im Hausinneren Bereiche ohne jeglichen Empfang. Im Büro, Wohnzimmer und neben den größeren, südlichen Glasflächen kann ich aber das Mobiltelefon benutzen.

Neben diesen Strahlungsversuchen erlebten wir aber auch merkwürdige, kuriose und lustige Forschungsgeschichten.

Ein pensionierter Offizier wollte schussfeste Wände, die den Beschuss durch ein Maschinengewehr aushalten. Zuerst beschoss er eine Ziegelwand. Der Ziegel war bei Dauerbeschuss auf eine Stelle bald durch. Die spröden Tonkammern brachen und splitterten rasch weg. Nun wollte er Massivholz ausprobieren. Wir stellten ihm übrig gebliebene Restholzwände für sein Experiment zur Verfügung. Das Ergebnis wurde uns in einem präzisen Bericht übermittelt. Die Projektile blieben in der Vollholzwand in verschiedenen Tiefen verformt stecken und bildeten bei Beschuss auf die gleiche Stelle einen Metallkern im Holz, der selbst zur Abwehrschicht für neu auftreffende Geschosse wurde. Niemals habe ich an derartige Experimente gedacht. Aber der erfreute Offizier wurde auf diese Weise zum Holzfan und baute sich ein Haus mit dicken Vollholzwänden.

Zuerst gar nicht erfreulich verliefen die ersten Erdbebenversuche in Japan. Wer ein neues Bausystem nach Japan bringen möchte, der muss über die große Rüttelplatte in Tokio und dort seinen Bau auf Erdbebensicherheit testen lassen. Dabei sind die Japaner rigoros. Ausländische Prüfungen und Versuche werden nicht anerkannt. In Japan ist man fest davon überzeugt, dass die japanischen Standards die strengsten der Welt sind.

Als wir der Reihe nach Anfragen aus Japan bekamen, landeten wir auch zur Prüfung am japanischen Erdbebeninstitut. Eine große Sache, zumal hier wirklich die höchsten Stufen auf der Richterskala im Echtversuch simuliert werden. Zudem ist es sehr teuer und kompliziert, alles zu organisieren, zu übersetzen und schlussendlich die Prüfmuster per Schiff auf die wochenlange Reise zu schicken.

Der erste Versuch startete, unser Vertreter war in Tokio und wir warteten daheim gespannt auf seine Nachricht. Diese kam und brachte eine große Enttäuschung. „Wir haben kein Erdbebenzertifikat erhalten!" Die Begründung hatte es aber in sich. „An unserem Holz100 ist auch in der höchsten Belastungsstufe keine Beschädigung oder Zerstörung sichtbar geworden. Deshalb gaben die japanischen Techniker an, keine Zertifizierung für eine bestimmte Klasse ausstellen zu können!"

Da kommt das statische Baumprinzip zum Tragen. Im ruhigen, normalen Lastfall steht der Baum, gleich wie unsere Vollholzelemente, als statisch steife Säule oder Scheibe da. Gleich wie Beton. Wenn nun aber Beton belastet, gebogen, gezogen oder gedrückt wird, so hält er das bis zu einem bestimmten Punkt aus und bricht plötzlich und unvorhersehbar. Beim Baum ist das ganz anders. Holz ist steif und starr bis zur errechneten Belastung und noch darüber hinaus. Wenn die Last dann noch schwerer wird, beginnt es plötzlich, elastisch zu werden. Nun kommt eine lange Phase der Nachgiebigkeit. Wenn der Sturm nachlässt, geht der gebogene Baum wieder in die Ausgangsposition zurück. Die Holz100-Wand verhält sich genau gleich. Sie ist ja auch gleich konstruiert, nach dem bionischen Vorbild des Baumes.

Diese Kombination aus Steifheit und nachfolgender Elastizität macht das Holz der Bäume zu einem der besten Baustoffe im Erdbebenfall. Anstatt eines unvorhergesehenen Bruches ist hier vor der Zerstörung noch eine elastische Phase dazwischengeschaltet.

Im japanischen Erdbebentest taten unsere verdübelten Wände genau dasselbe. Die Elastizität arbeitet sogar durch innere Reibungen einen wesentlichen Teil der angreifenden Kräfte unschädlich ab.

Auf diese Art gelang es auch den japanischen Mönchen vor eineinhalbtausend Jahren, ihre mächtigen Holztempel im Land der stärksten Erdbeben für so lange Zeit zu bauen. Unser Erdbebenexperiment ging schlussendlich doch gut zu Ende. Wir schickten eine zweite Serie von Musterelementen, die im Gegensatz zur normalen Produktion im Inneren absichtlich geschwächt waren. In der höchsten Belastungsstufe wurde die gewünschte Verformung festgestellt und wir erhielten für Holz100 das japanische Erdbebenzertifikat für die höchstmögliche Belastungsklasse.

Die Bäume helfen uns Menschen ständig in so großartiger Weise. Wenn es um Bürokratie geht, dürfen wir Menschen einmal auch den Bäumen helfen ...

Bei dem schrecklichen Erdbeben, das der Atomkatastrophe in Fukushima vorausging, kam dann auch ein fürchterlicher Test für all jene Bauten, die wir mit Holz100 in Japan errichtet hatten. Ein Haus wurde genau zum Zeitpunkt des Erdbebens montiert. Unser Partner berichtete, dass er selbst auf dem Baugerüst stand und der Baukran ein Element hob, um es im zweiten Geschoß zu montieren. Da rollte die erste Erdbebenwelle als sichtbare Bodenwelle, die das Gras in der angrenzenden Wiese hob, heran. Zaunpfähle wurden aus dem Boden gehoben. Wie Dominosteine wurden sie von der Bebenwelle umgeworfen. Große Steinblöcke sprangen auf. Der Bauleiter schrie, der Kranfahrer betätigte einen Notfallschalter, der die Last im Schnellstgang zu Boden ließ. Unglaublich, es ist nichts geschehen. Der halbfertige Rohbau konnte in den Tagen danach unbeschädigt fertig montiert werden. An keinem einzigen unserer knapp 30 Häuser und der Kirche in Japan gab es einen Schaden. Natürlich sind diese Bauten im Land verteilt. Sie standen in verschiedensten Entfernungen zum Epizentrum des Jahrhundertbebens.

Aber rund um manche unserer Massivholzhäuser gab es Schäden genug, die auf traurige Weise den Unterschied der Bausubstanz bezeugten.

Auf ähnlich ungewollte Weise erlebten wir auch Holz100-Bauten im Hochwasser, die tagelang in der Flut standen und nach Reinigung und Bodentausch in kurzer Zeit nach der Katastrophe wieder bezogen werden konnten. Ein Ständerbau mit Mineralwolle gedämmt in unmittelbarer Nähe erwies sich nach der Flut hingegen als Totalschaden ...

Aus reinem Holz entstehen Häuser. Erdbebenfest und feuersicher, hochwasserbeständig und strahlendicht, energieunabhängig und gesundheitsfördernd – wer außer der Natur selbst kann solche Genialität erschaffen?

Unsere Bäume sind es, die aus dem Boden wachsen, all das hervorbringen und am Ende nach vielen Nutzungszyklen jederzeit wieder dorthin zurückkehren können.

Unsere Aufgabe ist es, dankbar das Geschenk anzunehmen, fröhlich das Wunder zu genießen und sorgfältig den Holzkreislauf der Natur fließen zu lassen.

Den vielleicht größten Lohn, den jeder von uns Menschen für seine Freundschaft zu den Bäumen bekommt, habe ich für das nächste Kapitel aufbewahrt: Welches Geschenk könnte wertvoller sein als die Gesundheit, guter Schlaf und ein langes Leben?

Holz und Gesundheit

Mit manchen Entscheidungen beeinflussen wir tief, wie unser weiteres Leben verläuft. Zu solchen großen Weichenstellungen gehört natürlich die Wahl unseres Partners. Diese Weichenstellung gestaltet unser Leben neu, lenkt es in eine andere Richtung. Ähnlich verhält es sich mit den Freunden, mit denen wir unsere Zeit verbringen. Ob wir wollen oder nicht, ihre Lebensweise, ihre Ansichten, ihre Energie, mit der sie in jeden neuen Tag hineingehen, wirken auch auf uns selbst. Die sorgfältige Auswahl unserer Freunde hilft in jedem Fall, im eigenen Leben besser zurecht- und voranzukommen.

Diejenigen, die sich Bäume als Freunde und Lebensbegleiter ausgewählt hatten, wurden lange Zeit als weltfremde Romantiker belächelt. Welch großen Dank wir bekommen, wenn wir Bäume und ihr Holz als Weggefährten in unser Leben einbauen, enthüllt die Wissenschaft gerade in beeindruckenden Forschungen.

Wer umgeben von reinem Holz schläft, erspart sich in einer Nacht die Arbeit des Herzens von einer Stunde. Das Herz ist entspannter, der Körper gelöster und unser Puls in dieser Nacht kommt mit rund 3600 Herzschlägen weniger aus. Gleichzeitig sind die erholsamen Tiefschlafphasen länger, das Immunsystem wird messbar stärker und unser vegetatives Nervensystem vitaler.

Kurz gesagt, bedeutet das: Holz verlängert unser Leben, es macht und hält uns gesund und fit. Wer hätte sich noch vor Kurzem vorstellen können, so etwas von einer anerkannten Medizinuniversität zu hören? Holz hat eine Wirkung auf unseren Organismus, die nicht erst nach einigen Jahren im Holzhaus einsetzt. Nein, es wirkt sofort. Unmittelbar, sobald Sie sich in einen hölzernen Raum begeben, in ein Vollholzbett legen oder am Tisch aus unbehandelten, reinen Holzpfosten sitzen, beginnt eine unsichtbare Kraft auf Ihren Körper einzuwirken, die neuerdings von Spitzenforschern in der Humanmedizin gemessen und gezeigt werden kann.

Es erinnert ein wenig an unsere Expedition in das Innere des Baumstammes. Dort erlebten wir eine Fabrik, in der alles ineinandergreift und emsig der Gesundheit, dem Wachstum des Baumes zuarbeitet. Wir wissen heute so vieles von den biochemischen Prozessen, den Stoffeinlagerungen und Umwandlungen, von der fantastischen Statik, die so entsteht. Wir können aber noch lange nicht alle Geheimnisse lüften, welche Lenkungskraft dahintersteckt. Wie genau die Signale zustande kommen, die den Baum zum Mondrhythmus schwingen lassen. Wer bestimmt den Tag, an dem im Herbst das Blatt zu Boden fällt? Und warum hört bereits Ende August oft schlagartig der Saft im Stamm zu fließen auf? Das Wetter wäre zu dieser Zeit in vielen Jahren ja noch ideal zum Werken und Wachsen ...

Ähnlich erkennt heute die Humanmedizin, wie positiv und gestärkt der Körper reagiert, sobald er von vollem, reinem Holz umgeben wird. Genau messen wir den Pulsschlag, EKG, die Belastbarkeit, das Immunsystem und unsere Nervenkraft. Wesentlich und eindeutig tritt das fein verwobene Material Holz, seine Schwingung und sein Zauber mit unserem Organismus in Verbindung. Sogar ein längeres Leben im Holz lässt sich wissenschaftlich seriös ableiten. Hunderte Mal haben Testpersonen in Holzbetten geschlafen oder in Holzräumen gearbeitet und danach in konventionell gebauten Betten oder Räumen dasselbe gemacht. Hunderte Mal zeigten die Testgeräte bei Männern und Frauen, bei alten Menschen und Kindern die Stärkung an, sobald diese in das Holz hineingehen.

Auf welchem Weg, mit welchen Wellen, Schwingungen und Informationen das Holz seine Kräfte zu uns Menschen bringt, liegt noch im Dunkeln. Wir ahnen es, die Bestätigung der Forschung fehlt vorerst noch. Die Verbindung zwischen Baum und

Mensch weiter zu beleuchten, wird die Aufgabe kommender Forscher werden. Zuerst wollen wir uns aber fragen: Kann denn jeder diesen neu entdeckten Holzsegen nutzen? Die schöne Antwort aus dem Wald: Jeder Mensch kann die Energietankstelle Holz in sein Leben einbauen. Es gibt nur eine Regel: Je ursprünglicher das Holz verarbeitet ist, desto besser ist seine Wirkung auf uns Menschen.

Schon wieder erleben wir so eine wunderbare Parabel des Lebens mit der Natur. Der Mensch, der mit dem Baum lebt und ihn rein hält, frei von allen Giftstoffen, hilft dem Baum, seinen ursprünglichen Weg, die unbelastete Rückkehr in den Naturkreislauf zu vollziehen. Dafür wird der Mensch vom Baum belohnt. Märchenhaft belohnt, mit Gesundheit und einem längeren Leben.

Das Märchen von Frau Holle, der Goldmarie und der Pechmarie wird hier von Wissenschaftlern aus der Humanmedizin bestätigt. Jeder in der Stadt und auf dem Land kann sich als Goldmarie seine Belohnung abholen. Das Rezept dazu heißt, aus Massivholz das Haus, den Kindergarten oder die Schule, das Büro oder Krankenhaus chemiefrei zu bauen. Möbel für Generationen solide und massiv vom Tischler gefertigt. Das ist alles. Mehr wird von uns nicht verlangt. Wir brauchen uns nur für die Bäume als Lebensbegleiter zu entscheiden. Die Geschichte, wie es zu der medizinischen Erforschung der Wirkung von Holz auf den menschlichen Organismus kam, ist auch ein modernes Märchen.

Hinter den sensationellen Entdeckungen steht ein Mann, der niemals daran dachte, Holzforscher zu werden.

Universitätsprofessor Dr. Maximilian Moser war und ist an der Medizinischen Universität in Graz tätig. Daneben leitet er das private „Human Research"-Forschungsinstitut.

Seine Spezialität sind biologische Rhythmen. In dieser Disziplin hat er es geschafft, neue Messtechniken zu entwickeln und neue Parameter im menschlichen Körper messbar zu machen. Seine Arbeit wurde unter anderem dadurch gewürdigt, dass Prof. Moser mit seinem Team in den Neunzigerjahren für die russische

Weltraumstation „Mir" medizinische Messtechnik für die Astronauten entwickelt und für die Raumstation hergestellt hat. Die Bäume haben ihr größtes Geschenk für die Gesundheit der Menschen also nicht irgendjemandem, sondern einem der anerkanntesten Forscher Europas auf diesem Gebiet anvertraut. Aber der Reihe nach:
Seine Arbeit in der Weltraumstation brachte den Professor ganz unerwartet zum Thema Holz. Die russische Raumfahrtbehörde verlangte damals von den Österreichern, alle Messgeräte, die ins All geschossen werden sollten, mit „zero emission" auszuführen. Das heißt, die Materialien der Gehäuse und Sonden am Körper der Astronauten durften keine Ausgasungen, auch nicht in geringsten Mengen, verströmen. Nach vielen ergebnislosen Versuchen mit Kunststoffen, Metallen, Keramik und so weiter waren die Forscher verzweifelt. Entweder gab es Emissionen oder es war unverträglich auf der Haut oder sonst irgendetwas stimmte nicht. Da entdeckte der Professor am Grazer Weihnachtsmarkt einen Drechsler, der kunstvolle Figuren aus reinem Holz herstellte. Mosers Idee, die Ausrüstung, insbesondere die Sonden aus Holz herzustellen, erwies sich als Glücksgriff. Hervorragende technische Eigenschaften sind hier mit Giftfreiheit und bester Verträglichkeit für den Menschen kombiniert.

Diesen Qualitätsbeweis von Holz vergaß der Forscher nicht mehr. Zuerst führte sein Weg aber wieder zurück in sein humanmedizinisches Forschungsinstitut und an die Universität.

Einige Jahre, bevor ich Max Moser kennenlernte, war ich Teilnehmer an einem Symposium in Innsbruck. Es ging um ein Holzthema, um die Zirbe, diese duftende hochalpine Kiefernart, die in der Schweiz auch Arve genannt wird. Jahrzehntelang wurde die Zirbe vor allem für zwei Verwendungen gekauft: Zum einen für die typischen alpinen Zirbelstuben. Zum anderen wurde sie wegen der Weichheit ihres Holzes von den Holzbildhauern und in großen Mengen von Modellbauern gerne verwendet. Nun sind Zirbelstuben Ende der Neunzigerjahre zugunsten eines moderneren Möbeldesigns aus der Mode gekommen und der Modellbau ist großteils auf Kunststoffe umgestiegen. Niemand kaufte mehr Zirbenholz. Die Zirbe rutschte in eine schwere Absatzkrise. Die Förster blieben auf ihren Zirben sitzen. Der Preis war zum Teil schon tiefer als der Fichtenpreis. Ziel des Symposiums war es daher, Wege zu finden, wie die Zirbe wieder besser eingesetzt werden kann. Geladen waren Vertreter der Forst- und Holzwirtschaft aus den Zirbenländern Österreich, Schweiz und Südtirol. Als Ergebnis gab es den Beschluss, eine wissenschaftliche Studie durchzuführen, die beleuchten soll, wie das duftende Zirbenholz auf uns Menschen wirkt. Die Frage war nur: Gelingt es, einen anerkannten, über alle Zweifel erhabenen Forscher für dieses Thema zu begeistern? Ist es ein Zufall?

Professor Moser, der sich an die hochtechnologischen Materialvorteile des Holzes bei seiner Arbeit an der Weltraumstation erinnerte, war der Mann der Stunde. Obwohl er sich seiner Sache nicht sicher sein konnte, sagte er zu, die Zirbe aus medizinischer Sicht wissenschaftlich zu untersuchen. Doch wie kann es gelingen, an das Geheimnis der Zirbe zu kommen? Wie soll so eine Forschung angestellt werden? Gleich bewies der Professor wieder Genialität. Er ließ zwei Arbeitszimmer und zwei Betten bauen. Jeweils eines aus reinem Zirbenholz und ein zweites Zimmer beziehungsweise Bett aus künstlich imitiertem Holz, ein Holzdekor mit hohem Kunststoffanteil. Dieses Material besteht aus einer spanplattenähnlichen Trägerplatte, die aus verleimten Holzspänen zusammengepresst wird. Darauf wird dann ein „Plastikdekor" geklebt, das für Laien auf den ersten Blick täuschend ähnlich mit echtem Holz ist. Eine Holzimitation aus der Küche der Erdölchemie. Jetzt ließ der Professor Testpersonen verschiedenen Alters und Geschlechts, die nicht wussten, was hier überhaupt gemessen wird, abwechselnd im Echtholzbett und im Holzdekorbett schlafen. Selbstverständlich waren die Leute dabei mit Messsensoren aus der Weltraummedizin beklebt. Alle medizinischen Daten sollten ablesbar sein. Dieser Versuch sollte Geschichte schreiben. Die Zirbe übertraf alle Hoffnungen und die kühnsten Erwartungen. Ihre positive Wirkung im Vergleich zum Holzdekor überraschte alle:

3600 Pulsschläge weniger in einer Nacht, längere Tiefschlafphasen, bessere subjektive Schlafqualität und stärkeres vegetatives Nervensystem. Bis dahin hatte sich kein Mensch vorstellen können, dass das angenehme Holzgefühl auf uns Menschen in solchen Daten ablesbar wird. Diese Fakten waren so anerkannt und überzeugend, dass die Boulevardpresse das Thema aufgriff. Titelzeilen wie „Zirbenholz erspart täglich eine Stunde Herzarbeit" wurden allein im deutschsprachigen Raum in zirka 400 Zeitungsartikeln gedruckt. In dieser vereinfachten öffentlichen Berichterstattung wurde meist nur mehr vom verringerten Herzschlag gesprochen. Die anderen Vorteile blieben unerwähnt, wohl damit die Botschaft einfach bleibt.

Die Zirbe hat mit Professor Moser umgekehrt auch einen Glücksgriff getan. Oder kann man sagen: „Die zwei Richtigen haben sich gefunden"?

In ganz kurzer Zeit galt die Zirbe als das Gesundheitsholz schlechthin. Die Nachfrage vervielfachte sich. Für das Zirbenholz, das wir heute im Wald einkaufen, ist der Preis vier Mal so hoch, wie er vor der Veröffentlichung dieser Zirbenstudien war. Für die Förster ein Traum. Wo es nur geht, werden heute Zirbenwälder gepflanzt und stehende Zirben gehegt und gepflegt. Im Zweifelsfall wird die Fichte entfernt und zugunsten der Zirbe Platz gemacht.

Wieder einmal zeigt sich ein alter Grundsatz: Den Bäumen geht es umso besser, je mehr wir uns ihnen zuwenden, ihren Wert erkennen, sie dankbar ernten und in unser Leben einbringen.

In Mitteleuropa ist die Holzernte durch die jeweiligen Forstbehörden streng geregelt. Das heißt, Zirbenboom hin oder her, im Wald werden nicht mehr von den kostbaren Bergkiefern umgeschnitten als nachwachsen. Das gleichbleibende Angebot bei höherer Nachfrage führt ja zum höheren Preis. Und der höhere

Preis führt zu mehr Zirbenwäldern und besserer Fürsorge für Zirbenwälder. Eigentlich kann man sagen: „Ganz schön schlau war die Zirbe, als sie sich den Professor Moser zum Begleiter ausgewählt hat!" Dieses Beispiel zeigt deutlich: Dem Wald geht es am besten, wenn wir ihn schätzen und gut nutzen. Wer meint, den Wald zu schützen, wenn er die Holzernte einstellt und nur mehr Urwaldreservate schafft, der irrt gewaltig. Holz, welches nicht geerntet wird, verursacht Ersatzprodukte. Plastikmöbel, Betonhäuser, Aluminiumfenster und die Ölheizung – um nur einige Beispiele zu nennen. Diese sind für die Umwelt aber viel, viel belastender, als es nachhaltig genutzte Holzprodukte wären. Für unsere Lebensgrundlagen auf dieser Erde ist es das allerbeste, Bäume verantwortungsvoll zu ernten, wenn sie reif sind. Den Wert der Wälder in unser Leben zu bringen bedeutet, damit die wirtschaftliche Grundlage für die Erhaltung gesunder Wälder zu legen.

Wer die Umwelt wirklich schützen will, der verwendet unvergiftetes Holz, das jederzeit in den Naturkreislauf zurückgeführt werden kann, so oft und wo es nur geht. Es ist besser als alle Alternativen.

Raubbau in den Tropenwäldern verhindern wir, indem wir nur heimische Hölzer nehmen, die nachhaltig geerntet werden.

Dass es uns selbst dabei auch viel besser geht, im Holzhaus mit Vollholzmöbeln und Wärme sowie Energie aus nachwachsenden Quellen, zeigen die Untersuchungen von Professor Moser eindrucksvoll.

Damit kommen wir wieder zurück zur Medizinuniversität in Graz und dem „Human Research"-Forschungsinstitut.

Die größte Frage nach den Veröffentlichungen, die sich viele Menschen stellten, lautete: „Kann das nur die Zirbe?" Zirbenholz ist knapp, während Fichte, Tanne und Kiefer in größeren Mengen nachwachsen, als wir ernten! Dankenswerterweise stellte das Land Südtirol die Mittel für ein Folgeprojekt zur Verfügung. Jetzt wurde an Südtiroler Fichten untersucht, ob die Fichte einen ähnlichen segensreichen Einfluss auf unsere Gesundheit hat. Dieses Mal wurden Büros und Arbeitsräume verglichen, die einmal mit Fichte massiv und zum Vergleich konventionell gebaut waren. Um es kurz zu machen: Die Fichte kann es auch. Sie erreicht ähnliche Werte wie die Zirbe und ermöglicht Entspannung, Beruhigung, bessere Konzentrationsfähigkeit. Aus einer anfänglich kleinen Untersuchung ist damit eine der wichtigsten Holzforschungen geworden, die jetzt alle Bäume betrifft. Ein weiterer hochinteressanter Versuch folgte. In der Steiermark wurden zwei Schulklassen für einen Großversuch nach dem bekannten Schema hergerichtet: Eine Massivholzklasse erstmalig mit verschiedenen Holzarten, die Referenzklasse war konventionell laut österreichischer Schulbaunorm ausgestattet.

Ein Schuljahr lang wurden nun die Kinder in beiden Klassen vermessen und beobachtet. Schon wieder konnten die Forscher sensationelle Ergebnisse kundtun. Der Unterschied an Herzschlägen zwischen Massivholzklasse und Normalklasse betrug nun sogar 8000 Schläge pro Tag. Liebe Leserinnen und Leser, das ist keine Esoterik, keine Zauberei, das sind gemessene Daten. Im Massivholz erspart sich jedes Kind zwei Stunden Herzarbeit täglich! Und das in einer Zeit, in der Kinder ohnedies so schwer zur Ruhe kommen.

Bei diesem Versuch wurden die Kinder auch von Psychologen begleitend untersucht. Zusätzlich zu den medizinischen Daten der physiologischen Forschung zeigten die Psychologen eine Verbesserung subjektiver Befindlichkeit in der Massivholzklasse. Vor diesem Hintergrund müssen wir endlich die Praxis unserer Bauten überdenken. Unter dem Vorwand Billigstbieterprinzip stecken wir unsere Kinder, unsere Alten und Kranken und auch uns selbst in eine Bausubstanz, die für das Wohlergehen nachweisbar belastend und nachteilig im Vergleich zum Holz unserer Wälder ist.

Wer kann mit so einem Wissen noch eine Schule, einen Kindergarten, Krankenhäuser, Hotels, Büros und sein eigenes Schlafzimmer mit anderem Material als mit Holz bauen und einrichten?

Wir Menschen leben im Paradies. Nur fällt es uns manchmal fürchterlich schwer, das zu erkennen und die Gaben einfach nur dankbar anzunehmen.

Ganz wichtig für die volle Entfaltung aller guten Wirkungen des Holzes ist offensichtlich die chemiefreie Verarbeitung als reines, massives Holz. Eine verleimte Spanplatte besteht ja auch aus Holzspänen. Der menschliche Körper reagiert aber viel feiner, als wir es oft wahrhaben wollen. Durch die enthaltenen giftigen Leime schlägt der gute Holzeffekt in das Gegenteil um, wir werden gestresst. Sauberste Holzverarbeitung im Sinne von Gift- und Chemiefreiheit ist also die wichtigste Grundlage. Erst wenn diese sichergestellt ist, kann man ins Detail gehen, verschiedene Bäume vergleichen, unterschiedliche Konstruktionen und Produkte entwickeln und verbessern.

An dieser Stelle schließt sich wieder der Kreis. Die Art der giftfreien Holzverarbeitung, die uns Menschen gesund werden und bleiben lässt, ist auch der Weg, der unsere Erde bewahrt. Wer an das Ganze denkt, lebt selbst behütet.

Noch eines soll zu diesem Kapitel angesprochen werden: Mein Bericht zu dem Themenkreis Holz und Gesundheit ist sträflich kurz. Die Arbeit von Professor Moser, die Umsetzungsmöglichkeiten für den Einzelnen, Gesundung und Gesunderhaltung sind nur im Ansatz und ohne ausführliche Details gezeigt worden. Eine Fülle von grafischen Darstellungen, Querverbindungen und Hintergrundgeschichten, die spannender zu lesen sind als jeder Krimi – das alles würde den Rahmen dieses Buches bei Weitem sprengen und muss einer späteren Publikation vorbehalten bleiben. In diesem Büchlein wollte und kann ich meinen Lesern nur ein Fenster öffnen: Zur Welt unserer Bäume, zu den fantastischen Möglichkeiten, im eigenen Leben etwas zu unternehmen, und zu Forschern, die uns einfach die Augen öffnen.

Bäume
und ihre Heilwirkung

Der kühlende Ahorn / Bergahorn

Mit seinem weißen Holz gilt der bis 35 Meter hohe Bergahorn, der 600 Jahre alt werden kann, als ein Baum der Beruhigung, Besinnung und des Innehaltens. Menschen, die rasendem Stress ausgesetzt sind oder seelische Verletzungen erlitten haben, tun sich mit dem Ahorn immer etwas Gutes. Im Bergwald löst er die Rotbuche in den höheren, kälteren Regionen ab. Dort übernimmt er die wichtigen mütterlichen Funktionen der Humusbildung und Bodenbewahrung. Er lockert auf, unterbricht den aufstrebenden Drang der Nadelbäume und scheint Ruhe, Muße und Abwechslung in den Druck des Alltages zu bringen.

In der Volksmedizin

Ahornblätter haben kühlende Wirkung. Bei Insektenstichen frisch auflegen. Hildegard von Bingen hat Ahornblätter vor dem Auflegen auf Schwellungen und Entzündungen in Wein gekocht. Aus Kanada kennen wir den Ahornsirup. Gerade in der Naturküche bildet er eine willkommene Alternative zum raffinierten Zucker.

Das Holz

Das weiße Ahornholz liefert bestes Material für Tisch- und Arbeitsplatten. Es ist hart und extrem feinporig. Schmutz kann nicht eindringen, sogar Rotweinflecken gehen nach einigen Tagen Sonnenschein weg. Ein Fußboden aus massivem Bergahorn gehört zu den edelsten Gaben des Waldes. Dieses hellste aller Harthölzer ist für Tischler im modernen, schlichten Innenausbau eine wichtige Gestaltungsgrundlage.

Der gesunde Apfelbaum

Im Wald ist der Apfel selten in wilden Formen anzutreffen. Dort erreicht der Holzapfel bis zu 10 Meter Höhe, während er in Kultur 5 bis 8 Meter hoch wird und ein Alter von 50 bis 80 Jahren erreichen kann. Kein europäischer Baum liefert uns Menschen größere Mengen an Früchten. Blühende Apfelbäume zieren im Frühling ganze Landstriche. Im Sommer folgt die reife Ernte. Von der süßen Frucht über getrocknete Kostbarkeiten, die bis in den Winter hinein den Genuss bewahren, über den Apfelwein, in Österreich Most genannt, bis zum Hochprozentigen, dem klar gebrannten Geist: Ohne Apfel wäre unser Leben, unsere Kultur um ein gutes Stück Muße ärmer.

In der Volksmedizin

Unter Apfelsäure und Sauerstoff entstehendes Pectin zeichnet den Apfel aus. Wer zu rauchen aufhört, dem hilft ein Apfel, sobald der Druck, zur Zigarette zu greifen, groß wird. Pectin und Nikotin vertragen sich nicht. Nach dem Apfel mag man keine Zigarette mehr. Apfelschalentee beruhigt und ist ein hervorragender Abendtee. Über die Freude am süßen Apfelsaft, den vergorenen Most oder das im richtigen Maß genossene Schnapserl muss nicht viel geschrieben werden. Lebensfreude ist angewandte Gesundheitsvorsorge.

Das Holz

Der kurzstämmige Apfelbaum liefert keine großen Balken. Buntes Apfelholz wird vom Tischler als Kontrast, „als Tupfen auf dem i", rotbraun gemasert, in Möbeln, im Innenausbau und für Kunstgegenstände genommen.

Die fantasievolle Birke

Als Pionierbaum besiedelt sie flexibel und wendig neue Erde. Vorauseilen, Ideen und Pläne entwickeln, leicht und kreativ sein – das unterstützt die Birke. Sie ist der Baum der Fantasie, der den nötigen Abstand zum Alltag schafft.

In der Volksmedizin

Die Birke ist eine geschätzte Heilpflanze. Birkenwasser stärkt den Haarwuchs – Birkenlaubtee leitet Aufgestautes aus, er wird zur Behandlung und Unterstützung von Blase und Nieren getrunken.

Das Holz

Der bis 30 Meter hohe Baum, der in Ausnahmen 100 Jahre alt wird, liefert zähes, helles, mittelhartes Holz mit dunklen Einschlüssen. Freundliche Möbel für ein Lebensgefühl der Leichtigkeit, aber auch Fußböden und Drechslerprodukte entstehen aus Birkenholz. Im Innenausbau verströmt es das Flair skandinavischer Lebensfreude. In den kühlen Wäldern des Nordens liegt ja auch ihre größte Verbreitung. Das offene Kaminfeuer vermittelt auch den Charme nordischer Winter. Hier verbrennt Birkenholz leiser und mit gleichmäßigerer Flamme, als es die meisten anderen Hölzer tun. Diese ruhige Flamme erinnert an die ruhige, zurückhaltende Art der Menschen im hohen Norden.

Der sinnliche Birnbaum

Knorrig im Winter, Festpracht im Frühling und süße Nahrung im Herbst. Er ist ein Baum der Muße und kein Vertreter großer Massen. Vielmehr steht er für den Feiertag im Leben. Sich selbst etwas Gutes tun, dann geht vieles von allein. Je nach Sorte wachsen Birnbäume 10 bis 20 Meter hoch, die wilde Holzbirne bis 20 Meter. Bei günstigen Umständen erlangen sie ein hohes Alter von 100 bis 200 Jahren.

In der Volksmedizin

Der Birnenobstler, das Schnapserl in Maßen genossen, gilt nicht nur zur Verdauung als Medizin. Einreibungen zusammen mit Arnika und anderen Heilpflanzen gehören zur Grundausstattung jeder traditionell volksmedizinischen Apotheke.

Das Holz

Birnenholz ist eine rare Festtagsgabe. Neben dem Bergahorn wächst in der Birne eines der feinporigsten Hölzer. Schmutz dringt hier nicht ein und es ist neben dem weißen Ahorn die zweite samtrote Möglichkeit für beste Tisch- und Arbeitsplatten. Möbel aus vollem Birnenholz gehören zu Erbstücken für Generationen. Das Holz steht nur in geringen Mengen zur Verfügung und bleibt allein dadurch immer eine Kostbarkeit. Wer sich gar einen Fußboden aus dem samtig dunkelroten Holz leistet, erschafft einen seltenen Ort der Freude.

Die mütterliche Buche/Rotbuche

Sie wird aus gutem Grund Mutter des Waldes genannt. Buchenlaub ist einer der besten Humusbildner dort draußen. Saure Fichtennadeln und karge Schotterböden, alles verwandelt sie in wertvoll tiefe Gründe. Mütterliche Qualität wird diesem Baum mehr als allen anderen zugeschrieben. Sorge für die anderen, neudeutsch würde man soziale Kompetenz sagen, ist ein Kernthema des häufigsten Laubbaumes in Mitteleuropa. In den gemäßigt warmen Lagen ist es daher auch für die Förster wichtig, immer einen Anteil Rotbuchen in die Wälder zu bekommen. Im Gegensatz zu den Hainbuchen mit Höhen bis zu 25 Meter werden Rotbuchen etwa 40 Meter hoch und bis zu 300 Jahre alt.

In der Volksmedizin

Buchenkeimlinge werden Salaten beigemischt. Achtung: Keimlinge nur dort entnehmen, wo die Bäume ohnehin nicht aufwachsen können. Wo große Buchen wachsen, gibt es oft genug Keimlinge an Wegrändern oder in Wiesen, die ohnedies gemäht werden. Dort können die wertvollen Salatbeigaben bedenkenlos geerntet werden. Wie in jedem Keimling wohnen hier Kräfte und Inhaltsstoffe, die das junge Leben für den Start stärken. Für uns Menschen ist das besonders nahrhaft. Wie gut, dass Buchenkeimlinge auch noch sehr gut schmecken.

Das Holz

Die Rotbuche gibt uns das energiereichste Holz mit dem größten Quell- und Schwundmaß. Ein Segen, wenn es richtig eingesetzt wird. Mit den aufquellenden Buchendübeln habe ich über tausend Holzbauten vom kompakten Häuschen bis zum siebengeschoßigen Großhotel hergestellt. Aufquellendes Buchenholz, eine kostenlose Kraft der Natur, die jede Chemie, jeden giftigen Leim im Holzbau ersetzen kann. Danke, Mutter Buche!

Für Bauteile mit großem Anspruch an Maßhaltigkeit ist das stark quellende Buchenholz weniger geeignet. Hier bewähren sich Eiche, Esche und Ahorn besser.

Die mächtige Eiche

Mit tief gründenden mächtigen Wurzeln, ihrem unendlich dauerhaften, durch Gerbsäure natürlich imprägnierten Holz, knorrig und unbeugsam werden einzelne Eichen manchmal 1000 Jahre und noch älter. Die Eiche gibt nicht nach. Sie ist geradezu ein Symbol von Energie, Kraft und Macht. Ihren mächtigen Körper stellt sie aber stets in den Dienst der Gemeinschaft. An Eichen prallen Stürme ab. In trockensten Zeiten gehören sie zu den Bäumen, die immer noch in tiefsten Bodenschichten Wasser finden und dieses zur Erleichterung der Umgebung langsam aus dem Blätterwerk der großen Kronen verdampfen lassen. Auch die Dauerhaftigkeit ist die Qualität des Eichenbaumes. Von keinem anderen Baum bleibt ein abgeschnittener Wurzelstock so lange am Waldboden sichtbar, bis er endlich zum Humus zurückkehrt. Heimische Eichen wachsen sich unter günstigen Verhältnissen zu imposanten Baumgebilden aus. Die wärmeliebenden Traubeneichen werden 30 bis 40 Meter, die weniger empfindlichen Stieleichen sogar 35 bis 45 Meter hoch.

In der Volksmedizin

Die Gerbsäure der Eiche wurde nicht nur von den Gerbern geschätzt. Eichenrindentee ist entzündungshemmend und desinfizierend. Anwendungen sind Gurgeln bei Halsschmerzen sowie zum Trinken bei Magenentzündungen, Durchfall und entzündlichen Störungen des Verdauungstraktes. Auch Sitzbäder mit Eichenrindentee wurden früher verordnet. Heute würde ich Eichenholz all jenen verschreiben, die eine Kraftquelle in ihrer Wohnung benötigen.

Das Holz

Neben der Akazie ist Eichenholz das verwitterungsbeständigste und langlebigste Laubholz, das uns in Mitteleuropa zur Verfügung steht. Die unverwüstliche Kraft der Eiche äußert sich auch noch in der Härte des Holzes. Ein Boden aus Eichendielen kann von vielen Generationen nicht verbraucht werden. Möbel bleiben über Jahrzehnte von Gebrauchsspuren unberührt.

Die Eiche ist der größte Kraftspender aller Bäume, ihr hartes Holz das Geschenk an alle, die diese Qualität in ihr Leben tragen wollen. Nebenbei ist es schön zu sehen, dass auch in der Festung der Kraft und Energie noch Raum für Genuss und Lebensfreude bleibt. In Eichenfässern reift der beste Rotwein mit Barriquegeschmack. Auch edler Cognac benötigt zu seiner Vollendung gerbsäurehaltige Eichenfässer.

Die aufmunternde Erle / Schwarzerle

Eine unterschätzte Spezialistin. Als 25 bis 30 Meter hoher Baum besiedelt sie nasse, sumpfige Wiesen und ist in der Lage, diese trockenzulegen. Erst nach dieser Arbeit wird es für andere Bäume möglich, hier zu wohnen. Schwarzerlen erreichen ein Alter von 80 bis 100 Jahren.

In der Volksmedizin

Die Erle ist das „Antidepressivum" der Bäume. Stehendes Wasser, dumpfe Gedanken vertreibt sie durch Fröhlichkeit.

Versuchen Sie, an einem dunklen Novemberabend im Kamin oder Kachelofen ein Erlenfeuer zu entfachen. Die Erle verbrennt ähnlich der Birke sehr ruhig. Eine halbe Stunde ins Feuer zu blicken, vertreibt jede Herbstdepression. Sie werden fröhlich und entspannt zu Bett gehen.

Das Holz

Mittelhart, ein angenehm rötliches Möbelholz, aufgelockert durch Maserungen. Auch ein Fußboden aus Erle eignet sich besonders für Wohnräume bis zur mittleren Beanspruchung. Lange Zeit unterschätzt und vergessen, wurde die Erle Anfang der 1990er-Jahre von Möbeldesignern neu entdeckt. Seither erlebt das orangerötliche Holz eine neue Beachtung und Zuwendung von uns Menschen.

Die biegsame Esche

Genau zwischen der harten, kraftvollen Eiche und der leicht fantasievollen Pionierin, der Birke, steht die Esche. Immer noch wendig, anpassungsfähig an verschiedene Standorte, vom Auwald bis zu sonnigen Kalkhängen im Gebirge, vermittelt die Esche zwischen Extremen. Ihr Wuchs reicht in die obersten Regionen der dauerhaften Baumvertreter. Eschenstämme erreichen mit 30 bis 40 Metern oft die Mächtigkeit von Buche, Tanne, Lärche und Eiche. Dennoch, so alt werden sie nicht. Der Pionier in ihr lässt sie die Herrschaft früher und leichter wieder loslassen. Ausgleich zu schaffen, extreme Positionen zum gemeinsamen Nutzen elastisch zusammenzuführen, das ist die Schwingung der Esche. Ihre Rolle im Wald vermittelt diese Qualität. Ein wenig erinnert ihre vermittelnde, kooperative Haltung an die Fichte bei den Nadelbäumen.

In der Volksmedizin

Eschenlaub galt früher als wichtiges Nahrungsmittel, das die Tiere im Winter gesund hält. Feine Äste wurden im Herbst von den Bäumen geschnitten, zu Bündeln geformt und zum Trocknen an die Stallwand unter dem Vordach aufgehängt. Duftendes Eschenlaub als besondere Zugabe im kargen Winter, daran knabbern mit Begeisterung Ziegen und Schafe, aber auch das Pferd, die Kuh und das Schwein. Alte Bauern sind überzeugt, Eschenlaub ist nicht nur eine köstliche Abwechslung für die Tiere. Es hält den Viehbestand gesund und wird als winterliches Heilmittel im Stall gesehen. Heute entdecken nicht nur weltberühmte Gourmetköche den großen Qualitäts- und Geschmacksunterschied bei Fleisch von derart biologisch lebenden und gefütterten Tieren im Vergleich zu industrieller Massentierhaltung. Getrocknetes Eschenlaub kann aber auch für uns Menschen im Kopfkissen oder nach der Sauna ins Leinentuch gewickelt eine belebende Wirkung bieten. Übrigens, der Laubschnitt, das sogenannte Schnaiteln der Esche, schadet dem Baum nicht. Es regt ihn an und stärkt sein Wachstum. Ich empfehle, diese Arbeit bei abnehmendem Mond durchzuführen.

Das Holz

Eschenholz gehört mit der Eiche, dem Ahorn und der Buche zu den wichtigsten Hölzern im Innenausbau. Es ist das zäheste und biegsamste aller Harthölzer, daher die umfangreiche Anwendungspalette von Fußböden und Möbeln bis zu Ski- und Sportgeräten der Spitzenklasse. Für die Head-Ski-Rennsportentwicklung lieferten wir mit Eschenlamellen, die zur richtigen Mondphase geerntet und dann sieben Jahre gelagert waren, einen wichtigen Beitrag. Diese Lamellen kamen in die Rennskier von Lindsey Vonn, Bode Miller, Anja Pärson und all den Head-Spitzensportlern. Tatsächlich wurde das Jahr mit den Mond-Eschenskiern eines der erfolgreichsten Jahre für die Rennläufer und die Skifirma. Als Fußboden bietet die Esche neben der Eiche den wohl pflegeleichtesten Hartholzboden. Im Gegensatz zur Eiche wirkt sie leichter und fröhlicher.

Der fröhliche Kirschbaum

Er ist von den fruchttragenden Bäumen der erste, der im Frühling mit verschwenderischer Blütenpracht die Landschaft verzaubert. Die zwei Wochen der Kirschblüte gehören ihm ganz allein. Ende Juni ist er es schon wieder, der vorauseilt und vor allen anderen süße Früchte anbietet. Während andere wachsen, aufbauen, vorbereiten und reifen, wird beim Kirschbaum bereits gefeiert und genossen. Die Kirsche ist ein Sinnbild der Lebenslust und Freude.

In der Volksmedizin

Wer mit seinen Halswirbeln Probleme hat und unter Genickschmerzen leidet, der möge seinen Kopfpolster mit getrockneten Kirschkernen füllen. Es gibt kein besseres Mittel, um entspannt und schmerzfrei zu schlafen. In der kalten Jahreszeit kann so ein Kirschkernkissen obendrein wunderbar vorgewärmt werden. Die Kerne der Kirsche sind sehr gute Wärmespeicher. So werden zusätzlich zur perfekten ergonomischen Anpassung an die Wirbelsäule durch die Wärme Verkrampfungen und Entspannungen gelöst. Auch auf dem Bauch, bei Blähungen und ähnlichen Beschwerden wirkt ein warmes Kirschkernkissen Wunder. Sie werden es nach kurzer Zeit hören.

Das Holz

Von den früchtetragenden Waldbäumen bildet die Wildkirsche, die bis zu 100 Jahre alt werden kann, mit 15 bis 30 Metern Höhe die schönsten Stämme. Das dunkelrote Holz mit den deutlichen Jahresringen ist bei Tischlern und Innenarchitekten dementsprechend begehrt. Neben fantastischen Kirschmöbeln bringt

eine Wandverkleidung oder ein Fußboden aus vollem Kirschholz die Lust dieses fröhlichen Baumes ins Haus.

Auch gezielte Kirschanpflanzungen, die gleich wie die Nuss gepflegt werden, eignen sich als Sparbuch für den Waldeigentümer. Fürsorge und Pflege gelingen am besten, wenn diese Wertstämme entlang von Wegen und oft begangenen Plätzen gesetzt werden. Ständige Aufmerksamkeit bringt überall das beste Ergebnis. Da reift dann wertvolles Möbelholz heran, das noch dazu verhältnismäßig schnell wächst und bereits in einigen Jahrzehnten geerntet werden kann. Und wunderschön sind solche Anpflanzungen noch dazu.

Die heilende Linde

Trifft man eher auf den Dorfplätzen, im Schlosshof, an den alten Versammlungsstätten und Gerichtsorten der Menschen als in den Wäldern. Die Germanen weihten sie ihrer Göttin Freyja und sprachen unter Linden Recht, später wurde sie zum Dorfbaum, unter dem getanzt und gefeiert wurde, und zum Alleebaum. Die Linde liebt die Menschen und die Menschen lieben ihre Linde. Viele Mythen und Liebesgeschichten spielten sich unter und rund um Linden ab. Als Waldbaum treffen wir die wärmeliebende Sommerlinde, mit bis zu 40 Metern Höhe die größte heimische Lindenart, am häufigsten im Südosten Europas.

Ihr Beitrag zur Naturgemeinschaft soll nicht unterschätzt werden. Wer als Kind jemals in einen sommerlichen Lindenbaum geklettert ist, kennt die üppige Bienenweide im Lindenblütenmeer. Botaniker wissen, die Linde mit ihren herzförmigen Blättern gehört zu den wenigen Baumarten, die hier in Mitteleuropa tausend Jahre und älter werden können. In Zeiten der Klimaerwärmung könnte der Linde im Wald auch wieder größere Bedeutung zukommen. Als wärmeliebende Baumart kann sie leicht Gebiete besiedeln, die von der kühleren Fichte in Tieflagen aufgegeben werden. Die zweite heimische Lindenart, die bis zu 30 Meter hohe Winterlinde, steigt ohnedies etwas höher ins kühlere Mittelgebirge hinauf. An der Linde sehen wir ein tröstendes Prinzip der Natur: Auch wenn es schwierig wird, es gibt immer noch andere Möglichkeiten, die vorher lange unbeachtet geblieben sind.

In der Volksmedizin

Lindenblütentee, fiebersenkend und schleimlösend gegen Wintererkrankungen der Atemwege sowie fiebriger Art, ist ein Klassiker der Naturheilkunde. Gesüßt wird dieser Tee mit Honig, der oft auch Lindenanteile enthält. Ein Thema, das in der Naturheilkunde immer aktueller wird, ist die Holzasche. Lindenasche wurde zur Magenpflege gegen Übersäuerung und Geschwüre eingesetzt. Auch für herzstärkende Wirkung wird die Linde angewendet. Ihre Herzblätter weisen darauf hin.

Das Holz

Die Linde liefert gemeinsam mit der Zirbe das wichtigste Material für jeden Holzbildhauer. Die allermeisten der hölzernen Schnitzkunstschätze von Kirchenaltären bis zu all den erhaltenen uralten Skulpturen wurden entweder aus Zirbe oder aus Linde angefertigt.

Zu Unrecht wird dem Lindenholz heute sonst kein Verwendungszweck zuerkannt. Für mein Büro ließ ich Lindenholzmöbel, wunderbar hell und schlicht, bauen. Sie passen herrlich zu den Holz100-Wänden, mit Zirbe als Decklage. Im Osten Österreichs habe ich sogar alte Dachstühle aus Lindenholz gesehen.

Lindenholz ruht derzeit im Dornröschenschlaf. Welcher Möbelhersteller wird der erste Prinz sein, der den wahren Wert des Baumes erkennt und Dornröschen wachküsst?

Die beruhigende Nuss / Walnuss

Sie gehört zu den wärmeliebendsten Bäumen, die wir in Mitteleuropa kennen. Nusswälder finden wir bis jetzt nur in ihrer ursprünglichen Heimat rund um das Kaspische und Schwarze Meer. Aufmerksame Forstbeobachter stellen in den letzten Jahren einen Besiedelungsvorstoß der Nuss nach Mittel- und Nordeuropa fest. Wo früher an Nussbäume nicht zu denken war, tauchen plötzlich an Südhängen bis in mittlere Gebirgslagen Nussbäume auf lichten Waldflächen auf. Die wärmeliebende Nuss gehört zweifellos zu den Gewinnern der Klimaerwärmung. Eichelhäher und Eichhörnchen sind ihre Verbündeten, die weitum die gefundenen Nüsse eingraben.

In der Volksmedizin

Ihre Frucht kann als energiereichste Waldfrucht bezeichnet werden. Wer eine geschälte Walnuss auf einer Gabel befestigt und über einer Kerze anzündet, erlebt aus der kleinen Nuss eine Flamme, die mit ihrer Größe und Dauer ausreicht, um darauf ein Spiegelei fertig zu braten. Die ölhaltige Nuss liefert uns bei geringem Gewicht besonders viel Kraft und Energie. Auf ausgedehnten Berg- und Klettertouren nehme ich eine Handvoll Nüsse mit. Das stärkt mehr und besser als jede Fleischration. Der Weltenwanderer Gregor Sieböck, der mit über 30 Kilo schwerer Rucksacklast 60 Kilometer lange Tagesetappen zurücklegte, griff ebenfalls auf die Nuss als wirkungsvollste Energiequelle zurück.

Nusslaub weist Insekten ab. Wer im sommerheißen Wald seine Arme oder Beine mit zerriebenen Walnussblättern einreibt, erlebt einen wirkungsvollen Schutz. Nusslaub in das Schlafkissen des Hundes gegeben, kann hier chemischen Insektenschutz ersetzen.

Unsere Mutter war überzeugt davon, dass Nüsse nervenstärkend wirken. Die an das Gehirn erinnernde Form der Frucht mag ein Hinweis dafür sein.

Das Holz

der Walnuss gehört zu den teuersten Hölzern, die wir in unseren Wäldern ernten können. Das dunkelste aller heimischen Hölzer ist lebhaft gemasert und von Tischlern heiß begehrt. Neben seiner einzigartigen Färbung ist es auch strapazfähig, hart und dauerhaft. Eine ideale Grundlage für Handwerkskunst, die lange Zeit die Menschen erfreut.

Wer in seinem Wald eine Wertanlage mit Nussbäumen schaffen will, der soll alle zehn Meter eines der aufwachsenden Bäumchen auswählen und ganz junge Seitenäste entfernen, am besten bei abnehmendem Mond. Dadurch bildet die Nuss gerade Stämme, die sich später erst weiter oben gabeln. In den wärmeren Lagen ist der Nussbaum sicherlich ein Baum der Zukunft. Er erzielt Wuchshöhen bis zu 30 Meter und kann an günstigen Standorten ein Lebensalter von 160 Jahren erreichen.

Die kooperierende Fichte

Sie gehört zu den am weitesten verbreiteten Bäumen der Erde. Ihre Besiedelung reicht von der Weite der Tundra und Taiga, von der Küste vor Japan quer durch ganz Sibirien über den Ural bis nach Europa. Fichten finden wir als häufigsten Baum in den riesigen Wäldern Nordeuropas, von der russischen Grenze bis zur Atlantikküste Norwegens. Überall prägt sie den Wald der kühlen Regionen. Wie klein wirken dagegen die uns viel bekannteren Fichtenwälder der Alpen und Mitteleuropas. Die Höhe ausgewachsener heimischer Fichten, die bis zu 600 Jahre alt werden können, schwankt zwischen 20 und 55 Metern, einige Exemplare erreichen sogar 60 Meter Länge. Warum ist dieser Baum so erfolgreich in der Ausdehnung seiner Heimat? Alle Bäume versuchen doch, so viel Lebensraum wie nur möglich für sich zu besiedeln. Diese Frage aufzuklären, ist spannend. Allgemein glauben wir so oft, der Stärkere, derjenige, welcher die anderen besetzt, unterdrückt, der Mächtigere eben, wird am Ende das Gebiet beherrschen. In der Geschichte der Menschheit wurde dieser Versuch ja allzu oft unternommen.

Die Fichte zeigt uns, wie falsch diese Annahme ist. Wer die anderen bekämpft, nur mit Gewalt, Macht und Druck arbeitet, der erntet bloß Gegendruck und kommt nicht sehr weit.

Der Fichtenbaum ist im Unterschied zur Tanne, Kiefer oder Lärche, die eine Pfahlwurzel aufweisen, ein Flachwurzler. In der wichtigen Frage der Nährstoffkonkurrenz beschränkt er sich auf die oberen Humusschichten und überlässt bereitwillig alle tiefen Gründe den anderen. In der Jugend gibt er sich als Halbschattenbaum auch nur mittelmäßig. Lichtbaumarten wie Lärche, Kiefer oder auch die Eiche wachsen am Anfang des Wettbewerbes viel schneller dem Licht entgegen. Sie können den Kronenraum vorher erobern. Auch in ihrer Kronenbildung bleibt die Fichte schmal und bescheiden. Rundherum lässt sie Wärme und Licht an ihre Nachbarn heran.

Beschränkung in der Wurzelkonkurrenz, Mittelmaß im Jugendwachstum – wieso kann die Fichte dann der erfolgreichste Baum sein? Ihr Geheimnis lautet Zusammenarbeit statt Unterdrückung. Toleranz anstelle von rigorosem Verdrängungswettbewerb. In etwas wärmeren Regionen blüht die Fichte förmlich auf, wenn sie sich mit der Waldesmutter Buche vergesellschaften kann. Im Bergwald liebt sie die Blätter des Ahorns, die als Ergänzung zu ihren sauren Nadeln den Humus viel bekömmlicher, nährstoffreicher bilden. Keinen Baum kenne ich, mit dem sie nicht zum Vorteil der ganzen Waldgesellschaft kooperiert und den Versuch des Gemeinsamen eingeht.

Mit dieser Haltung gleicht sie nicht nur ihre fehlenden Extremleistungen aus. Es ist das Baumexperiment, das sich in all den Versuchen, die die Natur anstellt, als das erfolgreichste erwiesen hat.

In der Volksmedizin

Sirup aus jungen Fichtentrieben gehört heute noch zur Grundausstattung meiner inzwischen auf die Neunzig zugehenden Mutter, um die Familie gesund über den Winter zu bringen. Wenn es beim Atmen zu raspeln beginnt und sich in der Brust eine Erkältung ankündigt, dann wird Thymiantee, mit Fichtenwipferlhonig gesüßt, getrunken. Für die Erwachsenen kann auch noch ein Schnapserl vom Apfel oder Birnbaum genommen werden. Sollte sich gar schon Fieber zeigen, wird der Thymian gegen Lindenblüten ausgetauscht. Die Fichte, die Linde, der Apfel, der Birnbaum – schon wieder eine Baumkooperation, die uns gesunden lässt.

Die Fichte ist der geradlinig seinem Ziel entgegenwachsende Baum, der auf Zusammenarbeit setzt. Was für ein bewährtes Erfolgsrezept der Natur bekommen wir hier geschenkt! Wir können es in allen Bereichen des Lebens anwenden: Vom Beruf bis zur

Gesundheit, von der Kindererziehung bis zum Sport, überall hilft das Vorbild der Fichte.

Das Holz

Auch und gerade weil wir im Fichtenholz keine Extreme vorfinden, ist es eines der allergrößten Geschenke in diesem Paradies Erde, in dem wir leben dürfen.

Das helle, duftende Fichtenholz ist nicht übertrieben hart und nicht ganz weich. Es ist mittelschwer. Gerade dadurch wird es zum universellen Naturbaustoff, der in all den technischen Disziplinen des Bauens Bestwerte belegt – Brandschutz, Erdbebensicherheit, Strahlenabschirmung, Statik, um nur einiges zu nennen. Mit Fichten, Tannen, Kiefern und Lärchen konstruieren wir in der obersten Qualitätsklasse. Und nebenbei, als wäre das noch nicht genug, war es wieder die Fichte in Kombination mit ihrem Bruder Ahorn, die dem Meister Stradivari und vielen, vielen großartigen Instrumentenbauern das Material für kostbare Geigen und Bratschen, für das Klavier und alle anderen Musikinstrumente liefern.

Wer sonst schwingt über Jahrhunderte bis tief in unser Herz hinein?

Die transformierende Kiefer / Weißkiefer

In den Weiten des Nordens begleitet die Kiefer oder Föhre treu ihre Schwester Fichte. Es fällt aber auf, dass sie sich tiefer in das Moor hinauswagt. Am trockenen Südhang mit oft nur mehr einigen Zentimeter dünnen Humusauflagen ist sie es wieder, die dorthin wächst, wo die Fichte vertrocknen würde. Unter den Nadelbäumen ist die Weißkiefer der Pionier, der sich am weitesten auf die kargen Böden oder in den sauren Sumpf hinein traut. Das ist das Wesen und gleichzeitig der große Dienst dieses Baumes, der mit 40 Metern Höhe und bis zu 600-jähriger Lebensdauer stattlich wirken kann. Ein junges Kiefernbäumchen hoffnungsfroh auf trockenem Schotterboden austreiben zu sehen, das hat für mich auf den ersten Blick mit heldenhafter Aufopferung zu tun. Doch das Opfer der Selbstaufgabe geschieht dann meistens doch nicht. Die extreme Genügsamkeit lässt die Kiefer an den schwierigsten Orten gedeihen. Sobald sie es geschafft hat, mit ihrem Kronenschirm für Schatten zu sorgen, mit den abgeworfenen Nadeln rundum einen Polster über den Boden zu ziehen, gedeihen erste Sträucher, Nachfolger in ihrem Schutz. Jetzt sehen wir die Stunde des Erfolges. Die Kiefer hat das scheinbar Unlösbare verwandelt, zum guten Ende gebracht. Umwandlung schwer zu besiedelnder Situationen für sich und ihre Mitbewohner, das ist das Credo der Kiefer.

In der Volksmedizin

Transformation – Umwandlung, dieses Wort bezeichnet am treffendsten die Kiefernqualität. In einer Zeit, in der unsere Kultur in so vielen Fragen neue Lösungen, ganz andere Wege sucht und benötigt, wird Transformation zur Schlüsselfrage. Wie können wir unser Gesundheitssystem wieder menschlicher werden lassen? Von der Ersatzteilmedizin zur ganzheitlichen Gesundung des Menschen? Was müssen wir tun, dass die Nahrungsmittelindustrie wieder energievolle, schwingende Lebensmittel herstellt, anstatt Tiere zu quälen und Böden mit Chemikalien zu schinden? Wieso sind die Energiewirtschaft, die Bauwirtschaft und viele Industrien nicht längst zu den nachwachsenden Quellen Sonne und Holz, zu Kreisläufen anstelle von sinnloser Verschwendung zurückgekehrt?

Wenn wir sehen, wie die Kiefer aus einem trockenen Schotterhaufen in nur einer Generation eine fröhliche Waldgesellschaft macht, dann werden wir Menschen es wohl auch schaffen, die Steinwüsten unserer Gesellschaft umzuwandeln, in die Fruchtbarkeit, die allen dient, zu transformieren.

Das Holz

Es ist bunt, die Äste sind dunkel, der Kern orangerot im Kontrast zum hellen Splintholz am Stammesrand. Lebhafter zeigt sie sich im Vergleich zu ihren schlichteren Schwestern Tanne und Fichte. Technisch gesehen ist Kiefernholz in diesem Vergleich schwerer, aber auch deutlich druckfester. Die Weißkiefer duftet unverkennbar. In Skandinavien wurde und wird sie immer teurer gehandelt als Fichtenholz. In Mitteleuropa ist diese Mode umgekehrt. Zu Unrecht hat man der Kiefer in den letzten Jahren nachgesagt, ihr Holz sei durch flüchtige Holzinhaltsstoffe, sogenannte VOC, ein Risiko, speziell für Allergiker. Wissenschaftliche Forschungen haben gezeigt, dass diese Emissionen bei unbehandeltem Massivholz nur in vernachlässigbaren Konzentrationen auftreten. Erst wenn der Mensch Kiefernholz zerschnippelt und unter großer Hitze über hundert Grad Celsius und unter Druck zu Spanplatten und ähnlichen Holzwerkstoffen formt, bilden sich im Kiefernholz chemische Reaktionen und erhöhte VOC-Emissionen. Wer sich an die Grundregel sinnvoller und gesunder Holzverarbeitung hält und die Kiefer ohne chemisch verformende Prozesse mechanisch verarbeitet, sie schonend trocknet, der gewinnt diese wertvolle Begleiterin im fröhlichen Kleid.

Unter den heimischen Kiefernarten sticht die Schwarzkiefer hervor, die im Osten und Süden Österreichs natürlich vorkommt. Der anspruchslose und unempfindliche Baum wurde gerne auf kargen oder verkarstenden Böden kultiviert, nicht zuletzt auch aus industriellen Gründen. Das Harz lieferte einen begehrten Rohstoff, der zur Erzeugung von Terpentin und Kolophonium diente. Das Holz der Schwarzkiefer gibt Bretter, die nicht knarren, weshalb es für den Bau von Theaterbühnen verwendet wird.

Trotz ihrer kriechenden, eher strauchartigen Erscheinung gehört auch die Latschenkiefer oder Legföhre zu den Bäumen. Sie besiedelt teils großflächig die Krummholzzone im Gebirge und wagt sich in Hochmoore vor. Das harte Latschenholz lässt sich schwer spalten und besitzt geringe Elastizität. Aus Nadeln und Zweigspitzen wird das Latschenkiefernöl zu Heilzwecken gewonnen, um Katarrhe der Atemwege oder Rheuma zu lindern.

Die flexible Lärche

Sie führt das wunderlichste Leben unter all unseren Nadelbäumen. Zuerst einmal ist sie die Einzige, die es den Laubhölzern gleichtut und Jahr für Jahr im Herbst ihr Nadelkleid bunt einfärbt, um es danach zu Boden zu werfen. Sie anhand ihres Verbreitungsgebietes zu beschreiben, fällt schwer. Lärchen gibt es zuletzt und ganz oben im rauesten Hochgebirge. Dort, wo es so kalt und widerwärtig zugeht, dass nur mehr ihre Schwester, die Zirbe, als Begleiter infrage kommt. Doch im Gegensatz zu allen Kälte ertragenden Bäumen wächst die Lärche auch tief hinunter. Dort, wo süßer Wein von sonnenverwöhnten Rebstöcken gekeltert wird, tauchen unvermutet Lärchenbäume auf.

Sie begegnet uns überall auf dem langen Weg von der Waldgrenze unter dem Berggipfel oder im höchsten Norden Sibiriens bis zur Heimat der wärmeliebenden Eichen in den Tiefebenen.

Die Lärche ist wahrlich einer der anpassungsfähigsten Bäume. Lediglich mit dunklen Schatten und mit nassen Böden kommt der lichthungrigste aller Nadelbäume nicht so gut zurecht. Temperaturen von trocken-heiß bis zur Eiseskälte, Fröste und Lawinen am Berghang steckt sie mit Leichtigkeit weg. Gegen die schlimmsten Orkane ist sie mit tief verankerten Wurzeln, dem nachgiebigen Stamm und der lichten Krone, die dem Sturm wenig entgegensetzt, am besten gerüstet. Lärchen sind immer gemeinsam mit den anderen Tiefwurzlern eines Waldes die Sturmanker für die ganze Gemeinschaft. Mit Stammlängen von 40 bis 50 Metern und einem normalen Höchstalter von 500 Jahren ist die Europäische Lärche respekteinflößend. Die ältesten bekannten Lärchen stehen im Südtiroler Ultental und werden neuerdings auf 850 Jahre geschätzt.

In der Volksmedizin

Alles so nehmen, wie es kommt. Sich biegen und nachgeben, immer flexibel reagieren. Das ist die Lärchenstrategie, die das große Verbreitungsgebiet dieser Baumart ermöglicht. Die Lichtbaumart Lärche ist eine wahre Lichtgestalt. Leichtigkeit und Loslassen führt sie uns jedes Jahr im Herbst vor Augen, sobald ihre Nadeln von den Winden zur Erde gewirbelt werden.

Die inneren Werte der Lärche gehören zu den wichtigsten Säulen in der Naturmedizin. Das schon mehrmals erwähnte Lärchenharz ist antiseptisch, fungizid, entzündungshemmend und wundheilend wie kaum ein Medikament aus der chemischen Pharmazie. Lärchenharz wird pur als Zugsalbe und Wundheilmittel verwendet und in vielfältigen Kombinationen von Naturheilern und Heilpraktikern zu Salben und Arzneien verarbeitet. Rein gefiltertes Lärchenharz altert nicht. Es kann durch Menschengenerationen hindurch gelagert werden.

Lärchenöle in der Sauna oder Duftlampe sind eine weitere Möglichkeit, den Segen dieses großen Heilbaumes zu genießen.

Das Holz

Die Inhaltsstoffe machen das Holz. So gesehen, ist es keine Überraschung, unter der grobborkigen Lärchenrinde das wasserbeständigste, langlebigste aller Nadelhölzer vorzufinden. Seit jeher wurde die Lärche, die Harzreiche, für alle der Witterung ausgesetzten Bauteile verwendet. Vom Brunnentrog zur Außentüre, vom Bootssteg zur Hausverschalung, das rote Lärchenholz lebt länger als alles andere. Die typischen, handgespaltenen Lärchenschindeln, die in den Alpen heute noch so manches Dach decken, halten 40 bis 70 Jahre, manchmal sogar über ein Jahrhundert lang. Die Jahrringbreite, der Erntezeitpunkt und die Lage des Daches spielen hier auch noch mit. Aber auch im Innenraum ist das rot gefärbte Lärchenholz beliebt und oft verwendet. Der lärcherne Fußboden ist härter als jener von Tannen und Fichten. Unter den Tischlern gibt es Spezialisten, die mit Kunstfertigkeit und Freude rote Möbel aus Lärche mit weißen Ahornplatten oder dunkelbrauner Nuss kombinieren. Ihr Einsatzgebiet gleicht in seiner Vielfalt dem Verbreitungsareal der anpassungsfähigen, luftigen Lärche.

Die beständige Tanne

Auf tiefen, humusreichen Böden zeigt sie die wahre Größe ihrer Gestalt. Tannenwälder, Säule an Säule über 50 Meter hoch und einen Meter im Durchmesser, diese gotischen Waldeshallen der Natur lassen jeden Besucher ehrfurchtsvoll verstummen.

Bis 70 Meter Höhe überragen solche Riesen manchen Kirchturm, silbrig weiß glänzt ihr Rindenkleid. Die Weißtanne kann 500 bis 600 Jahre alt werden, sie ist die Königin unserer Wälder. Königinnen sind keine vorauseilenden Pioniere. Diese Baumart wächst dort am besten, wo der Humus dick gebildet wurde und jetzt tiefe Wurzeln, ausdauernde Baumriesen das Erreichte für Jahrhunderte und Jahrtausende bewahren sollen. Als kälteempfindlichster der angeführten Nadelbäume klettert sie nicht so hoch hinauf in die Berge. Auch im Norden weicht sie bald vor den strengen Frösten zurück.

Die Tanne wurzelt tief, sie bewahrt, sie erhält und wird selbst uralt. Als Schattenbaum vermag sie zudem in der Jugend oft jahrzehntelang im dunklen Wald unter der Krone der Alten ausharren, bis sie selbst das Licht des freien Himmels bekommt.

Vielen Menschen fällt es schwer, die Fichte und die Tanne auseinanderzuhalten. Neben einer ganzen Reihe botanischer Merkmale gibt es für den Laien ein ganz einfaches Unterscheidungsmerkmal, das sind die Zweiglein.

Bei der Tanne wachsen die Nadeln immer nur in zwei Reihen an beiden Seiten des Zweiges heraus, während der Fichtenzweig rundherum mit den etwas spitzigeren stechenden Nadeln besetzt ist. Und noch leichter erkennbar: Fichtenzapfen hängen stets vom Zweig nach unten, während die Zapfen der Tanne aufrecht stehend am Zweig wachsen.

In der Volksmedizin

Wie von der Fichte kann auch aus jungen, unverholzten Tannentrieben im Frühling Sirup gewonnen werden. Diese Triebe sollen niemals im Wipfelbereich, sondern nur an tieferen Seitenästen gepflückt werden. Das tut dem Baum nicht weh. Am meisten interessiert uns aber der Weg, auf dem es der Tanne gelingt, diese höchste aller Baumgestalten aus dem Humus wachsen zu lassen. Sie ist am Start die Langsamste. Im Licht sind die Triebe junger Tannen kürzer als die der Lärchen, Kiefern und Fichten. Im Schatten steht sie gar über 20, 30 Jahre beinahe regungslos, man könnte meinen, sie wächst nie mehr.

Doch einige Jahrhunderte später schaut alles anders aus. Wer seinen Boden bewahrt und das Ziel unbeirrt über lange, lange Zeit verfolgt, der kommt höher hinauf als alle Sprinter dieser Welt. Bergsteiger, die die höchsten Gipfel erklimmen, gehen am Anfang ganz langsam weg. Jeder Marathonläufer weiß es, wenn er zu Beginn zu schnell wegrennt, geht die Kraft zu früh aus und er kommt nicht ins Ziel. Die Kräfte geduldig zurückzuhalten und klug einzuteilen, dafür steht die Tanne.

Das Holz

Auch ihr Holz ist nur für Fachleute von der Fichte zu unterscheiden. Trotzdem zeigt die große Schwester ihre Lebenshaltung auch im Holz. Tannenholz trocknet viel langsamer aus. Wir können tun, was wir wollen, die Tanne bewahrt ihr Wasser länger. Ihre Tüpfelzellen, die inneren Schleusen, sind für jede Form der Trocknung verschlossener. Überhaupt, wenn es um Wasser geht, dann bietet die Tanne nach den großen Spezialisten, der Lärche und Eiche, eines der wasserbeständigsten Hölzer. Venedig ist nicht aus Zufall auf Lärchen- und Tannenpfählen gebaut. Für Bauherren und Zimmerleute, die ökologisch und damit leimfrei bauen wollen, ist die Tanne ebenso ein großartiges Geschenk. Aus ihren mächtigen Stämmen haben wir schon oft riesige Balken geschnitten, die sonst nur mehr als Leimbinder erhältlich sind. Große, massive Balkenquerschnitte kommen ohne belastende Verleimungen aus. Durch ihre längsgerichteten Trocknungsrisse sehen sie auch natürlicher aus. Solange Risse in einem Balken den Längsverlauf der Fasern nicht unterbrechen, bleiben sie statisch vernachlässigbar.

Die hochschwingende Zirbe (Arve)

Obwohl sie sich liebend gerne zum Lärchen-Zirbenmischwald verschwistern, ist die hoch spezialisierte Zirbe das Gegenteil zur universellen Lärche. Die Zirbe, die Bergkiefer, verträgt so saure Böden wie sonst niemand. Gemeinsam mit der Lärche wächst sie in den Alpen an den kältesten und rauesten Bergkanten empor und wird dabei bis zu 25 Meter groß. Je höher hinauf am Berg wir Zirben beobachten, desto zerzauster und zerfetzter begegnen wir ihrem Antlitz. Junge Zirbenbäumchen lassen sich von meterhohen Schneelasten umbiegen, um wieder aufzustehen. Alte Zirben sind es gewohnt, immer wieder frisch auszutreiben, abgerissene Äste zu vergessen, neu zu beginnen. Ausdauer ist in den extremen Lagen die Eigenschaft, die zur dauerhaften Bewaldung, dem Ziel des Zirbenbaumes, führt. Wo es warm wird, verschwindet sie. Am basischen Kalkberg wird sie auch nicht gesehen. Urgestein und hoch hinauf – was kommt bei diesem Programm heraus? Wer ist diese sogenannte Natur, die mit jeder Art ihr neues Spiel, den nächsten Versuch startet? Wer einen Baum wie die Zirbe mit so speziellem Anspruch und Fähigkeit ausstattet, der muss doch wissen, dass das niemals ein Massenkonzept werden kann.

In der Volksmedizin

Wer jemals Zirbenholz gerochen hat, kann diesen Duft nie mehr vergessen. Tatsächlich sind die Inhaltsstoffe der Zirbe, ihre ätherischen Öle einzigartig, ebenso ihre Wirkung auf Mensch und Tier. Nicht zufällig wurde über Jahrhunderte in den Berghöfen die „Gute Stube", der wichtigste Raum des Hauses, aus Zirbenholz gefertigt. Das hochalpine Holz trägt offenbar die feine, hohe Schwingung der Bergwelt in sich. Kräuterkundige kennen dieses Phänomen. Bergkräuter aus hohen Lagen sind demnach besonders intensiv, wirkungsvoll. Auch in den wissenschaftlichen Versuchen Professor Mosers zeigte die Zirbe eine beschützende und erholsame Gesundheitswirkung auf den Menschen, die sich vorher niemand vorstellen konnte. Mit diesem Wissen bewerten wir auch die Tradition der alten Zirbenschränke neu. Ihre Lebensmittel und Kostbarkeiten vertrauten die Menschen dem Zirbenholz an. Wohl nicht nur, weil es mit seinem Duft Motten und Insekten vertreibt. Die Zirbe zieht uns Menschen an, sie tut uns einfach gut.

Das Holz

Wer hätte das bei den rauen Wuchsbedingungen erwartet? Es ist das weichste aller Nadelhölzer. Als Bauholz kommt es daher nicht infrage. Vielmehr ist es ein wertvolles und begehrtes Material für den Innenausbau. Zirbenholz ist ein Botschafter für die gesundheitsfördernde Wirkung der Hölzer auf uns Menschen. Noch vor der Fichte wurde diese Wirkung an der Zirbe entdeckt. Mit ihrem Duft, dem unvergleichlichen Bild mit den dunklen Ästen liefert die Zirbelkiefer, wie sie auch genannt wird, für den Tischler einen Rohstoff, der wohl auch als Handwerkergold bezeichnet werden kann. Immer mehr Menschen lassen sich im Schlaf von der Zirbe begleiten. Das Zirbenbett oder eine Wandverkleidung aus Zirbe im Schlafzimmer wird hoch geschätzt. Zirbenholz ist ein Symbol für die Großzügigkeit, mit der uns die Natur so verschiedene Holzarten schenkt.

Dank und Service

Es ist einfach überwältigend, wie viele Menschen ich als Begleiter, Freunde und Helfer geschenkt bekam. Einfach gesunde Häuser mit dem Zauber der Bäume, ganz aus Holz, wollte ich bauen. Heute sehe ich, mit jedem Haus, in dem Menschen aufblühen, werden neue Samen gesät. Bauherren, Frauen und Männer aus der halben Welt haben mir, meinen Mitarbeitern und den regionalen Partnern das Vertrauen geschenkt. Ihre Traumhäuser sind von Tokio bis San Francisco und von Italien bis Tromsø nördlich des Polarkreises entstanden.

Unsere Kunden und Mitarbeiter, Waldbauern, die das Mondholz liefern, Architekten, die für Holz offen sind, und Forschungspartner in den Instituten sowie Universitäten, unsere Handwerker und regionalen Partnerbetriebe, die dafür sorgen, dass die Wertschöpfung in der Region bleibt, alle Botschafter, die das Wissen, die Begeisterung oder dieses Buch einfach weitergeben, verschenken; Journalisten, die berichten, und Lehrer, die ihre Schüler begeistern; Eltern, die für ihre Kinder das gesündeste Haus bauen, und Hoteliers, die die Kraft der Bäume zu ihren Gästen bringen, Unternehmer, die für ihre Mitarbeiter und Kunden bessere Büros und Firmengebäude errichten, meine Familie, die mich auch in schwierigen Tagen begleitete, und meine Bäume – von der unerschütterlichen Eiche bis zur fantasievollen Birke, von der ausgeglichenen Fichte bis zu den hochschwingenden Zirben und Lärchen:

Ich danke Euch allen von ganzem Herzen!

Die hier genannten und noch viele unerwähnte Lehrmeister sind es, die zu den im Buch geschilderten Erfahrungen geführt haben. Ich durfte sie weitergeben und bin glücklich und dankbar dafür.

Ein ganz inniger Dank geht an meine Tochter Elisabeth. Schon als kleines Mädchen war der Zeichenblock ihr liebstes Spielzeug. Geduldig ist sie mit mir durch die umgebenden Wälder gewandert und hat sich die Besonderheiten der Baumgestalten zeigen lassen.

Danke, Elisabeth, durch Deine Zeichenkunst sehen wir plötzlich die unterschiedliche Kronenspitze der Fichte neben dem flachen „Storchennest" alter Tannenbäume, die schlangenförmigen Nussbaumäste neben der knorrigen Eiche, symphonisch fließende Linde neben der Birke, dem leichten Flattergeist.

Auch bei den Baumdarstellungen geht es nicht um botanische Vollständigkeit, sondern vielmehr darum, unseren Blick für die Verschiedenartigkeit dieser Gestalten in der Landschaft zu schärfen.

Antworten auf viele Fragen vom Probewohnen im Holzhotel bis zum Arbeitsplatz im Holz100-Netzwerk, vom Ansprechpartner und Handwerker, der in diesem Sinne arbeitet, bis zum Weg, im Holz100-Netzwerk selbst aktiv zu werden, von den richtigen Holzerntezeitpunkten bis zu praktischen Tipps beim Leben, Wohnen und Arbeiten mit Holz – all das finden Sie auf unseren Internetseiten unter www.thoma.at. Für konkrete Projektanfragen finden Sie uns im Thoma-Forschungszentrum in Österreich in 5622 Goldegg, Hasling 35. Telefonische Anmeldung ist erbeten unter 0043 6415 8910 oder per E-Mail: info@thoma.at

Weitere Bücher von Erwin Thoma im Servus Verlag:

DICH SAH ICH WACHSEN
WAS DER GROSSVATER NOCH ÜBER HOLZ WUSSTE

Holz, ein Naturmaterial mit vielen Geheimnissen und wundervollen Eigenschaften. Schon seit Jahrhunderten wissen die Menschen über die Besonderheiten dieses Baumaterials und die Wirkung von Bäumen in unserem Leben Bescheid. Alte Holzknechte und Handwerker haben dieses Wissen und die Traditionen rund um das Thema weitergegeben und damit die nächste Generation geprägt. Ein Buch über das uralte und das neue Leben mit Holz, Wald und Mond.

DICH SAH ICH WACHSEN
WAS DER GROSSVATER NOCH ÜBER HOLZ WUSSTE
Buchformat: 13,5 x 20,5 cm
Klappenbroschur, ca. 208 Seiten
Preis: € 14,95 | ISBN: 978-3-7104-0112-1

HOLZWUNDER
Die Rückkehr der Bäume in unser Leben

Wussten Sie, dass die Inhaltsstoffe des Holzes von jedem persönlich als Schutz gegen Zivilisationskrankheiten eingesetzt werden können und ausgerechnet die Baukunst der Ameisen das Modell für Passivhäuser ohne Dämmstoff und Haustechnik liefert? Die Natur steckt voller Überraschungen und ist der beste Lehrmeister zugleich. In diesem Buch wird das alte Wissen mit neuesten Forschungsergebnissen und Anwendungsbeispielen kombiniert. Lassen wir die Bäume wieder Teil unseres Lebens sein, um von ihren Kräften zu profitieren. Dieses Buch ist ein verlässlicher Wegweiser und Ideengeber für jeden, der Bäume liebt. Inkl. Holzkalender für die Jahre 2016-2026.

HOLZWUNDER
DIE RÜCKKEHR DER BÄUME IN UNSER LEBEN
Buchformat: 14,5 x 21 cm, ca. 208 Seiten
Hardcover mit Schutzumschlag
inkl. Holzkalender 2016-2026
Preis: € 19,95 | **ISBN:** 978-3-7104-0105-3